U0024073

黑貓奇緣

笑中有淚、淚中有愛，全臺黑貓的動人紀實

賴碧麗——著

A storyteller for the black cats

推薦序——高橋行雄

黒猫について

黒猫と言った時、23 年生きた黒猫ミンクを思い出します。

近所の小学生が、学校に居たという黒い仔猫を我が家に置いていき、窓越しに入りたいと鳴いていたのでその日のうちに家に入れてあげました。

美しい黒猫だったのでミンクと名付けました。

黒猫ミンクはメス猫でしなやかな美しい容姿でした。黒猫を描くようになったのもミンクが最初でした。その後、ミンクをモチーフとして描き、オリジナリティのある黒猫の絵になり、今でもメモリーとしてアートとしての黒猫ミンクの作品も描き続けています。

黒猫ミンクの一生は人間の一生に通じるものがあります。

二十三年という年月を一緒に生活してもらいました。これが愛する、愛されることだと実感しました。世の中どうなっていくか分からない現在、愛し、愛され、生き抜きましょう！

猫の絵描き高橋行雄

2020 年 4 月

關於黑貓

每當提及黑貓時，我總是聯想到與我生活了 23 年的黑貓 MINK。

當時，附近鄰居的一名小學生把一隻在學校發現的黑貓帶到我家就跑走了，小黑貓在窗邊不停的喵喵叫，不假思索地趕緊讓牠進到屋裡來。

非常漂亮的黑貓，我把牠命名為 MINK。

MINK 是女生，全身的黑毛柔順又美麗。MINK 是我最初畫黑貓的對象，自此之後，以畫黑貓 MINK 為發想的創意源源不斷，造就我畫出自我風格的黑貓畫。直到現在，回憶也好、創作也好，我仍持續的創作黑貓 MINK 的作品。

MINK 的貓生其實就像我們人類的一生。

我和牠一起生活了 23 年。我深刻地感受到自己對牠的愛、還有牠對我的愛。每個人應該勇敢地愛與被愛，更重要的是應該活在當下，因為你永遠不知道這世界會發生什麼！

譯者 賴碧麗

黑貓畫巨匠 高橋行雄 TAKAHASHI YUKIO　個人簡介

1946 年出生

畢業於日本中央美術學園

1976 年～ 86 年：作品獲選參加法國 LE SALON 展出

首次於巴黎畫廊「AU CHAT DORMANT」舉行個展後，91、93、95、98 年均在同一畫廊舉行個展

1991 年：榮獲瑞士巴塞爾博物館「KATZAEN MUZEUM」收藏 & 展示

法國巴黎「GRANCE」畫廊舉行個展

榮獲瑞士古都 洛桑「MUSÉE DU CHAT」博物館收藏

巴黎畫廊「LA CADRICHROMIE」舉行個展

2000 年：法國巴黎「GALELIE HAi cie」舉行個展

荷蘭阿姆斯特丹貓之美術館「KATTEN KABINET」舉行個展

2001 年：法國巴黎「GALELIE HAi cie」舉行個展

2004 年：荷蘭 GALERIE LIJN 3 DEN-HAAG 舉行個展

德國漢堡 GALERIE MENSCH 舉行個展

2006 年：日本東京 LE PRINTEMPS GINZA 舉行個展

2007 年：法國巴黎 Atelier Vert 舉行個展

2013 年：法國巴黎「Paris NEKO Collection」參展

2014 年：榮獲「日法現代國際美術展」榮譽獎

SALON BLANC 美術協會委員

榮獲「2014 年日法現代國際美術精選展」名譽總裁獎

2015 年：榮獲「日法現代國際美術展」東京都知事獎

2018 年：臺北阿波羅畫廊「霧一般的腳步」個展

目錄 Table of Contents

黑貓小百科

——超過 500 位黑貓飼主的線上調查統計結果

1. 臺灣目前最長壽的黑貓貓瑞高齡 23 歲。
2. 臺灣的黑貓以居住於臺中市居多。
3. 黑貓的性別以男生居多，飼主的性別反而以女性居多。
4. 相較於其他花色，黑貓不容易生病、比較長壽、更撒嬌。
5. 黑貓女生的個性特徵：多話、嫉妒心強烈。
6. 黑貓男生的個性特徵：撒嬌、暖男、溫和。
7. 飼主慣以「黑」或「歐」為黑貓取名字。
8. 根據美國維基百科的記載，身體的黑色比例超過 70% 以上歸類為黑貓；臺灣又把臉部的黑白區塊狀似賓士車標誌的貓稱為「賓士貓」。
9. 黑貓鬍鬚是黑色，身體必定全黑；如果有白鬍鬚，身體某處一定有白毛。
10. 黑貓腹部或胸部的白色區塊稱為「Angel's Mark（天使的標誌）」。
11. 黑貓的眼睛顏色多數是黃色。
12. 黑貓飼主的星座多數是天蠍座。
13. 黑貓飼主的血型多數是 A 型。

黑貓 VS 貓奴的故事

黑貓 VS 貓奴的故事

茶米＆茶葉蛋 VS 陳俊佑：

我青澀的成長過程

地點：花蓮縣吉安鄉
飼主：陳俊佑
黑貓基本資料：
1. 茶米／女生／6 歲／3 公斤
2. 茶葉蛋／男生／5 歲／4 公斤

動物救援工作是現今碩果僅存的社會正義

俊佑是臺南人，前 2 年奉母命遷移至花蓮縣吉安鄉，接手母親在當地經營已 7 年的欣瑩豬腳飯，所以，他的「茶」系列貓咪們也跟著搬遷至花蓮定居。

第 1 隻黑貓——茶米的故事：

一個患有精神障礙的少年、一個溺愛兒子的可憐母親，不知如何求助，只能不斷的、到處領養貓狗任由精神障礙兒虐待！

小黑貓不知道被精神障礙兒虐待多久了，尾巴不但被棍子打到折斷、甚至嚴重變形成麒麟尾……

2011 年 6 月 30 日，俊佑與一群臺南的救援志工獲報，在生死存亡之際救出小黑貓，迅速送往動物醫院急救，所幸救回小命。原本結紮後要放養，但俊佑實在捨不得曾經被惡意虐待的小黑貓在街上流浪，於是接手照顧，取名為茶米。

俊佑及救援的志工們與這一戶人家纏鬥了好一段時日，俊佑不但被追打，無數貓狗還被少年的家人刻意移往其他地方禁錮，俊佑不得不借來油壓剪、半夜去救援……（雖然是錯誤示範）

救援志工們疲於奔命也難以預防萬一，最後只好通報社工介入輔導，據說已漸漸好轉！

茶米經過俊佑細心照顧逐漸恢復健康，原本只是想中途，卻遲遲送不出去，被虐待過的茶米防衛心特別強，根本不相信人類，俊佑打定主意、一定要融化茶米，不管牠躲在哪裡，每天都會跟牠說說話，茶米神隱的程度連朋友在家住了一個星期，都不知道俊佑家有隻黑貓！

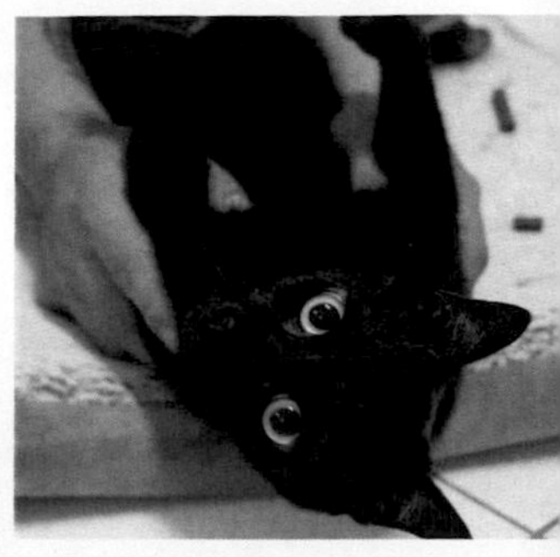

俊佑家裡有一隻御用褓姆就叫茶媽（「茶」系列貓咪們的由來），無論是救援的、中途的貓咪們，都是由茶媽從旁關照、引導。

距今 3 年前的某一天，茶媽因病離世，當時俊佑家裡共有 6 隻貓，俊佑刻意不動遺體，讓茶媽與所有貓咪們好好道別……

沒想到，茶米整隻貓的情緒像崩潰般爆炸，猛抓俊佑的手臂，俊佑忍住，因為他知道被虐待過的茶米，難以面對這一生當中最關愛自己的茶媽永遠離開自己的事實……

任由茶米抓咬雙臂，身上的痛也比不上茶米心裡的痛，俊佑動也不動，只是一再的輕聲細語：「大家都很傷心，你這樣，茶媽會更難過啊……」

茶米聽進去了，漸漸的鎮靜了下來。

手臂傷痕累累的俊佑整整一個星期動彈不得，至今仍留下清楚可見的傷疤！崩潰後的茶米不再神隱了，開始在俊佑旁邊磨蹭、呼嚕，磨合期終於結束了！

這一刻，足足等了 4 年……

第 2 隻黑貓——茶葉蛋的故事：

2012 年 8 月 5 日，還記得當天是領薪日。

之前聽朋友說在臺南市區某市場有流浪漢在殺貓、吃貓，常常聽到淒厲的嘶叫聲！

剛好人在附近，不設防的進入市場……驚恐的一幕隨即映入眼簾！已經有 2 隻貓血淋淋的躺在鍋子裡了，流浪漢手裡還抓著一隻小黑貓，而牠的尾巴已經被切斷了！

俊佑抑制住快要斷線的理智，顧不得自己的安危，一個箭步衝上前把刀搶下來，雙方也發生嚴重的肢體衝突！

扭打中，流浪漢為自己辯駁：「我沒錢吃飯啊，肚子又餓，貓咪這麼吵，反正黑貓又沒人要，吃掉又怎樣……」

俊佑不假思索從口袋中拿出錢。「如果你真的很餓，這2000元給你，貓給我！」

當時俊佑在餐廳工作，月薪僅 15000 元，扣掉房租、生活費約 8000 元，把剩下的、用來當零用錢的 2000 元，全給了飢不擇食的流浪漢。

俊佑頭也不回的帶走一鍋貓肉、還有奄奄一息的小黑貓！緊急包紮後，命給撿回來了，那個月俊佑只靠餐廳的剩菜剩飯、還有便宜又有飽足感的茶葉蛋過活，所以取名為茶葉蛋，成為俊佑的第 4 隻貓。

編後語

花東地區的觀光在 2018 年的地震之後更是雪上加霜，俊佑的媽媽表示，今年過完農曆年之後生意明顯掉了至少 3 成！

如果您計劃來個輕旅行，別忘了把花東納入選項，到俊佑的店裡吃碗豬腳飯，聊聊黑貓經！

14 隻黑貓 VS 呂冠誼：

我的喜怒哀樂，牠們全都知道

地點：臺中西區
飼主：呂冠誼
黑貓基本資料：

1. 黑黑／男生／ 8 歲
   第一隻黑貓，米克斯混波斯，寵物店滯銷品，帶回家時才 3 個月；個性駑鈍，又呆又傻。
2. 鑫鑫腸／男生／ 1.5 歲
   出生時像根小香腸，經過身邊時 100% 會倒在前面的路倒哥。
3. 五熊／女生／ 3 歲
   因胸前有一個臺灣黑熊標準的 V 字形標誌而取名五熊，非常撒嬌，喜歡睡在人的肚子上。
4. 睏睏／女生／ 3 歲
   超愛睡覺，與其吃不如睡覺。
5. 阿ㄆ／女生／ 2.5 歲
   常常發出ㄆ的聲音，一叫就來。

呂冠誼自述

我的第 1 隻貓是母貓玳瑁，在東海大學附近的寵物店，因為不是品種貓，店家並未妥善的照顧，於心不忍，就這麼帶回家了，第 2 隻的黑黑也是這樣來的。

只是單純的覺得牠們一直被關在籠子裡很可憐，在我能力範圍內給牠們一個避風遮雨的家、不至於挨餓。

完全是養貓素人的我，剛開始根本不懂什麼是結紮、也不懂什麼是發情，當母貓玳瑁躲在床底下生出一窩小貓咪的時候，才知道，喔，生小 baby 了……沒想到，黑黑基因強大，一窩全是小黑黑。

沒多久後，好友因故把她的貓咪暫時寄託在我家，也沒結紮，「意外事故」又再次發生了……黑色基因再次發揮威力！

有送出過一兩隻，也不好送養，算了，統統留下來吧！於是，不知不覺的變成坐擁 14 隻黑貓的大戶！

飼料費用還算可以負擔，醫療費用比較吃力，手頭寬裕一點的時候，就一隻一隻的帶去結紮，不會再讓牠們重演「意外事故」了。

6. 阿怕／女生／2.5 歲
   什麼都怕，一聽到聲音，立馬躲起來。
7. 小犢／男生／1 歲
   聲音撒嬌的等級無貓可比，初生之犢不畏虎。
8. 阿嬌／女生／2.5 歲
   因個性很三八，所以取名阿嬌。
9. 小粉／女生／2 歲
   一整個沒特色，一般般，一隻平凡的黑貓。
10. 小小／女生／2 歲
   所有黑貓裡面身材最小的一隻，因而取名小小。
11. 小墨／男生／2 歲
   弱雞貓，凡打架必輸，叫聲也是弱到不行的像個小 baby。
12. 小紫／男生／2 歲
   很黏人，叫聲非常「娘」。
13. 小紅／女生／2 歲
   兇、兇、兇，生人勿近。
14. 羽山秋人／男生／1 歲
   個性溫馴，一叫就來，任人擺布。

牠們不會打群架，但是會一對一單挑。有戴項圈的，當然可以辨認，沒戴項圈的，就看牠們的「卡撐」啊，環肥燕瘦的，各種尺寸都有，超好認的。

苦主之一 呂冠誼的妹妹：只記得會撒嬌的黑貓，平時沒往來的，你是誰啊？

苦主之二 呂冠誼的室友：每次回家，都覺得很溫馨，因為一打開門，就看到一大群貓啊！

編 後 語

除了 14 隻黑貓之外，其實還有 4 隻其他花色，合計 18 隻貓。既不是中途、也不是愛媽，呂冠誼跟你我一樣，只是一個平凡的飼主。可是，她不平凡，因為，她真的很屌，她說：「我經濟能力確實不是很好，可是，我沒讓我的貓流浪街頭；我買不起高檔的罐頭或乾糧，可我沒讓任何一隻貓餓肚子。」

呂冠誼妳真的很屌，為臺灣黑貓史寫下一頁傳奇！

黑金 VS 盧小姐：

冤親債主

地點：臺北市松山區
飼主：盧小姐
黑貓基本資料：
黑金／男生／至少 12 歲／6 公斤

盧小姐自述 

「我自己家裡有養狗，不至於討厭貓咪，反倒是有點怕貓，覺得牠們好神祕啊！

我到萊爾富工作已 8 年多了，在這個區域裡，黑金算是我的前輩，本來都是店長在照顧，不知不覺，被黑金撒嬌的功力收服了。被牠抓傷，只覺得很痛，卻一點也不會生氣，漸漸的，我竟然開始關注黑金的一切……

而這一切，應該從知道牠被棄養的那一刻開始吧！」

黑金的前任飼主因為養了品種貓，當下便狠心把黑金丟到路上，也不知道丟棄在哪裡，黑金竟然找到回家的路，在原飼主的大樓底下不知徘徊了多久，附近鄰居也議論紛紛……

日子一天天的過去了，黑金從期待、失望、到絕望，沒有人能夠體會像黑金這樣的「家貓」，原來擁有擋風避雨的家，偶爾耍萌，還會被打賞一些零食；然而，今後卻得面對每晚必須孤獨的到處覓食，有一餐沒一餐的，甚至還要跟其他浪貓搶地盤。

曾經有過家人的黑金，被迫展開孤苦伶仃、又殘酷的浪貓生活。

流浪街頭的黑金，落腳在這附近至少 8 年多了，這期間有位愛貓的咖啡廳老闆娘，非常喜歡黑金，也順利的誘捕帶回家。或許，黑金心裡面一直存在著曾經被棄養的陰影，再也不相信任何人。於是，不吃不喝好一段時間。老闆娘心疼的帶去給獸醫看，獸醫診斷後語重心長的表示：「牠的健康沒有問題，應該是心理層面在抗拒，放牠自由吧……」

就這樣，黑金回到「熟悉」的街頭。後續，又有一位善心人士企圖飼養黑金，結果終究無法撫平黑金的心理創傷。

每天從 10：00 開始值班到 22：00 的盧小姐，幾個月前

的某一天下班沒多久，就接到簡訊「黑金被撞死了」，瞬間呆滯、無法思考，等到回過神來，忍不住放聲大哭……。還記得下班前才餵過黑金，跟牠說，明天見喔……怎麼可以讓人如此的措手不及，以後上班沒客人時，誰來陪我聊天……

盧小姐的先生捨不得她在情緒不穩的情況下摸黑出門，硬是要她休息一下；天色一亮，盧小姐便慌慌張張趕到店裡面，沒想到，一眼就看到牠好端端坐在牠的老位置上，眼淚再度因驚喜而潰堤，這……到底是怎麼回事？

就在查明事件之際，陸續有熟客上門來詢問：「黑金真的死了嗎，我哭了一整個晚上……」結果，確實有黑貓被汽車撞了，急著通報的人誤以為是黑金……於是，眾人破涕為笑。

令人意外的是，昨晚為黑金傷心流淚的不只是盧小姐一個人……

這一場烏龍事件，讓盧小姐深刻體會到黑金與自己之間已緊繫著密不可分的關係。

編後語

盧小姐在敘述黑金的時候，不時甜蜜、開心的笑著，聊到黑金被棄養、烏龍事件時，眼角甚至泛著淚光。黑金的生命無比頑強，牠應該不止 12 歲，但沒人說得準；拍照時，牠好像在引導攝影者進入牠的世界，每個專屬於牠的位置都一一帶到，讓人再次領略到黑貓的靈性！

醜爆 VS 聯合紋身全體員工：
奴才們很乖，朕知道了

地點：臺北市西門町
飼主：柯又淳
黑貓基本資料：醜爆／男生／約2歲／6公斤

大約在2年前，又淳的好友撿到一隻剛出生沒多久、奄奄一息的小白貓，急需奶貓援助奶水，輾轉獲知瑞芳動物之家剛好有隻玳瑁母貓生了一窩小貓，母貓奶水充足；工作人員表示需要餵奶一個月，小貓才能存活，於是，好友留下小貓放心的離去。

在這個當下，根本沒人注意到腳邊那一窩小毛頭裡、隱藏著一隻偉大的小黑貓……

轉眼間，一個月過去了，好友主動聯絡，動物之家卻表示小白貓死了……

在西門町經營刺青店的又淳，家裡本來就有一隻捲耳貓，又淳的工作時間相當長，整天不在家，一直怕牠太孤單，也想過再多養一隻貓當作陪伴，儘管真正喜歡的是全黑的狗狗！

動物之家積極向好友推薦玳瑁母貓生的那一窩小貓，不斷傳來一些網頁上的照片，又淳與好友2人津津有味的欣賞貓咪照片時，有一隻小黑貓瞬間吸引又淳的注意！

好，就是牠！沒有猶豫、百分百的篤定，這麼醜的黑貓，我不要、誰要？

完成領養手續後，小黑貓暫時留置在店裡隔離，等到健康狀況都沒問題後，再帶回家。

小黑貓真的好醜，又淳打定主意一定要把小黑貓養成一隻帥氣又拉風的黑豹……

日子一天又一天過去了，說好的黑豹在哪裡呢！

連店裡的客人都忍不住說「怎麼會有這麼醜的黑貓啊……」於是，黑豹變成了醜爆。

除了人類以外，從小就只有一隻老狗陪著長大，所以，醜爆的成長模式＝老黃狗莎莎的退休模式。這畫面不難想像吧！

又淳經營的刺青店位於西門町鬧區，每天人潮川流不息，醜爆也在潛移默化之中學會了察言觀色。

例如有顧客上門、而且是指定刺青在敏感部位時，醜爆馬上一個箭步先往包廂卡位，而且一定要鑽到牠滿意的位置為止……而且顧客男女不拘。

有一次員工旅遊，又淳不得不把醜爆寄放在有 6 隻貓的妹妹家。

本來脾氣很暴躁的醜爆，經過 6 隻哥哥姐姐的調教，沒想到回到家後變溫馴了！大家又驚又喜，醜爆果然是隻貓！

好景不長，不到幾天又原形畢露，完全應驗了「狗改不了吃屎」……不對、不對，牠是貓耶！

12、13 歲的老黃狗莎莎去年 11 月過世了，莎莎在世時會兇附近一隻狗，醜爆卻對那隻狗相當冷感、甚至視若無睹。

莎莎過世後沒多久，醜爆好像被莎莎附身一般，竟然也開始兇那隻狗……這算職務交接嗎？

結束營業時間一到，醜爆自己會主動走到牠最愛的刺青師傅阿霖身邊，暗示他，不、不，根本不用暗示，因為大爺醜爆要去散步了，奴才還不快跟上來！

每天，醜爆都會左鄰右舍的到處巡視，因而被附近店家尊稱為里長伯——與其說是鎮店之寶，「鎮街之寶」的稱號似乎更貼切！

編後語

刺青這行業在近幾年來蓬勃發展，多數的刺青師父不是肌肉發達，就是一臉兇狠！乍見又淳時，以為她只是單純的經營者、老闆娘……

直到她抱起醜爆合照，不經意露出手臂的刺青時，我立馬挺直腰桿、調整呼吸，就怕怠慢！

Shabues & Matmo & BigFoot & Sue VS Natasha：

Black is beautiful!
Your trash is my treasure!

地點：臺北市士林區
飼主：Natasha Carr
（2000年從南非來臺至今）
黑貓基本資料：

1. Shabues／女生／16歲／5公斤
2. Matmo／男生／4歲／4～5公斤
3. BigFoot／男生／約1歲／4～5公斤
4. Sue（雙眼失明）／女生／約1歲／4～5公斤

美麗的Natasha決定來臺灣工作時，最初只給自己設定一年的時間。

南轅北轍的生活習俗、完全不同的文化背景，臺灣這個國家讓Natasha的第一年面臨著各種的挑戰。然而，當她逐漸融入本地的社會、越來越享受臺灣的生活時，她意識到臺灣已是她第2個故鄉了！

因緣際會之下，參與了臺灣巴克動物懷善救援協會The PACK Sanctuary救援工作。救援工作為Natasha的生活帶來了嶄新的生活動力，這樣的動力讓Natasha更想要留在臺灣，並且盡可能地幫助更多需要關懷、救助的動物。

Natasha的第一隻貓Shabues、也是她人生的第一隻黑貓。Shabues是Natasha的一位前同事協助救出的。Natasha曾經錯失一隻想養的貓，所以當他們問Natasha是否想收養這隻小貓時，Natasha興奮的狂點頭！當他們把Shabues帶到Natasha面前時，Natasha為這黑色小東西深深的著迷了！

成為救援的志工，越是深入接觸，越了解黑貓難以被一般的民眾接受。所以，她瀟灑的說只要能力所及，不過就是降低自己的物質需求罷了，於是，Natasha敞開胸懷、打開大門，迎接更多被拒於門外的黑貓。

2014年麥德姆颱風天，Matmo被發現獨自在產業大道上，因而被救援的志工取名為Matmo。Matmo認為自己是這個家裡的老大，牠有時會欺負其他一些貓，多數只是嬉鬧而已，Matmo最愛蜷縮在Natasha的腿上或睡在Natasha的毛衣裡。

BigFoot之所以叫BigFoot，就只是因為牠的腳掌大於任何其他的貓。BigFoot是100%的媽寶，但有時真的實在太黏人了。牠總是想和Natasha在一起，無論Natasha在哪裡、做什麼，身旁一定有BigFoot。

Sue 牠是一個快樂，有趣而且總是飢餓的貓。牠會非常大聲地咕嚕咕嚕（非常有趣）；但當牠喵喵叫時，聽起來像是一位愛抽煙、且年事已高的女士。Sue 喜歡在廚房裡閒逛，因為 Sue 知道媽媽在準備食物了，什麼都吃，完全不挑食。

Natasha 説，雖然 Sue 全盲，可，心不盲啊！牠和其他任何健康的貓沒兩樣。

Natasha 還有一隻狗叫 Nika，這個家，一人一狗十隻貓！

編後語

從我見到 Natasha 的第一刻起，一直到我離去，Natasha 的笑容從未斷過，當她與愛貓們、狗狗 Nika 玩耍時，她的笑容尤其是更加燦爛。我問 Natasha 多久回老家一次，她表示，即使存夠機票錢，也放心不下 10 隻貓＋ 1 隻狗。

Natasha 樸素、節儉，住在天母某公寓加蓋的頂樓，家裡也沒有太多的奢侈品，擔任英文老師的 Natasha 每個月賺的錢幾乎全都花在照顧貓狗，她很希望能夠擁有自己的房子，無奈臺北房價高不可攀！

前 2 天，她又參與救援了一窩小黑貓，共 4 隻，對於即將進入小黑貓的世界，成為牠們的奶媽，Natasha 既興奮又期待，我也答應她會盡全力的協助整個送養過程。屆時，仰賴大家通力合作，讓每一隻黑貓順利找到家！

小布 VS 莉芳：

一個孝順的孩子

地點：新北市中和區
飼主：鍾莉芳
黑貓基本資料：小布／男生／4 歲多／7.8 公斤

救助超過 10 隻以上貓咪的生命
全臺唯一一隻 B 型血的米克斯黑貓

莉芳的老家在屏東鄉下，從小的日常生活作息就與雞、鴨、豬、鵝、狗、貓密不可分；主要的原因是受到爺爺的影響，爺爺非常愛動物，哪種動物應該吃什麼、應該注意什麼，爺爺比誰都清楚！

莉芳是個簡單的人，凡是黑色的動物都喜愛，黑狗、黑豹、黑熊等等，黑色神祕、高貴的氛圍深深吸引著莉芳！

姑且不論原因為何，多數人喜歡養小貓，莉芳卻剛好相反，她認為小貓需要適應，有點麻煩；成貓的個性穩定、不會四處亂衝！

於是，透過社群媒體，向新店某中途認養了已經 5 歲多的黑黑，這是她的第 1 隻黑貓。

在這之前，莉芳已經有一隻三花貓小米，黑黑與小米一見如故，彷彿多年好友般，毫無適應上的問題！

然而，幸福、美滿的生活僅維持 3 年多，就在小米因急性腎臟炎過世的第 2 天，黑黑突然心臟病發，或許捨不得小米孤獨離世，2 隻貓竟然攜手一起去當小天使了！

不到 24 小時，小米、黑黑相繼離世，這晴天霹靂讓莉芳整整哭了半年！

力圖振作的莉芳依舊獨鍾於黑貓，輾轉得知同事家裡經營的動物醫院，剛好有一隻黑貓被環南市場附近的愛媽撿到，而送至萬華區的華中動物醫院治療。當時，獸醫以為應該沒人要養黑貓，這隻黑貓體格壯碩，或許可以留下來當捐血貓。

結果，莉芳堅持領養，獸醫當然樂見其成！於是，黑貓小布成為莉芳的第 2 隻黑貓！

小布因為上呼吸道感染而存在一些後遺症，容易流眼淚、需要常常擦拭，所幸其他各方面正常、健康！

當小布被證實是幾乎是純種貓才有的罕見的B型貓（A型占95%以上）時，莉芳毅然的決定，盡全力的協助需要捐血的貓咪。

這可說是萬中選一、非常珍貴，甚至可能全臺灣只有小布是B型！

莉芳也遵循醫師的囑咐，在一定的時期間距、且不影響小布健康之下，盡可能協助生命危在旦夕的貓咪。

至今，小布身上的熱血至少在10隻以上的貓咪體內流動著。

飼養小布完全不費力，因為這是一隻用生命在吃的黑貓，為了吃、可以不擇手段！這樣的小布，竟然每天早上都會咬一瓶雞精給莉芳！

編後語

一般飼主對毛小孩捐輸血的概念相當模糊，甚至見解各異。

通常，當生病或發生意外需要緊急手術或是因為器官疾病而導致嚴重貧血時，需要緊急輸血，這個部分與我們人一樣。

不同的是人類的血液可以存放，但臺灣目前並沒有可存放貓或狗血液的機構，必須現場配對，且必須符合一定的條件（年齡、體重、是否固定施打預防針等等），相關訊息請洽詢專業獸醫。

熊熊 VS 哈寵誌全體同仁：

很吵的男同事

地點：臺北市大安區
飼主：哈寵誌
黑貓基本資料：熊熊／男生／7 歲／5.7 公斤

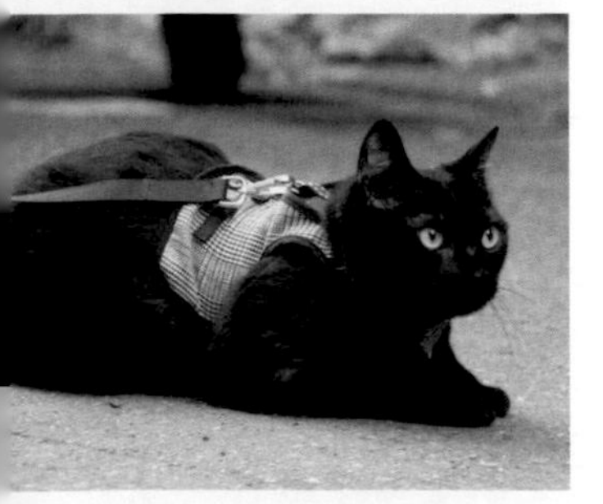

華人世界最大的專業寵物雜誌哈寵誌公司原本有養一隻貓，過世後，老闆說不要再養了！

6 年多前的某一天，有一隻黑貓自己跑到同事家裡，而且大搖大擺的如入無人之境，相當的自在。因為有戴項圈，同事判斷這隻黑貓應該是家貓，可能是走失了……

於是，透過公司的社群網站發布協尋啟事，希望幫牠找到回家的路。

過了 2 ～ 3 個星期，遲遲無人回覆，只好開放認養。認養文掛在版上好一段時間，根本乏人問津！

經過這一段時間相處，工作人員與黑貓之間也漸漸有了情感。

徵詢老闆意見後，小黑貓成為哈寵誌公司首開先例、沒有「試用期」的新進菜鳥！

小黑貓的肚子旁邊有一撮白毛，類似臺灣黑熊，因此取名為「熊熊」。

熊熊的個性雖然捉摸不定，卻非常的黏人，喜歡外出散步，大家得輪流伺候熊熊微服出巡！當公司只剩一位同事加班時，熊熊一定會窩在旁邊，可能是老闆交待熊熊盯哨吧？

哈寵誌公司附近是密集的住宅區，聽說有不少老鼠，熊熊也曾經咬過一隻老鼠回來，而且帶著志得意滿的神情，不知道老闆有沒有幫熊熊加薪？

哈寵誌公司裡不只有黑貓熊熊，還有 2 隻狗，想要到哈寵誌工作嗎？首要條件就是不怕貓狗！

編後語

到專業的寵物雜誌社拍人家的黑貓照片？大概只有我這種一身是貓膽的人，才敢在關老爺面前耍大刀！還好，習慣鏡頭的熊熊、加上 3 位大美女的協助，順利達成任務！

卡蹦 VS 林家三兄弟：

到底誰才是親生的啊？

地點：花蓮縣吉安鄉
飼主：林順康
黑貓基本資料：卡蹦／男生／約 2 ～ 3 歲／5 ～ 6 公斤

桃李滿天下　春風遍人間

順康與「卡蹦」的相遇是一場美麗的意外！

當時順康在金門的免稅店上班，租屋處附近有座湖是很多情侶晚上散步的地方，順康和卡蹦就是在那裡相遇的。

2015 年夏天的某個晚上，已是貓奴的室友接到同事打電話來說，他們看到一對年輕情侶騎著機車載著一隻黑貓到湖邊玩耍，待他們繞了一圈後，情侶離開了，卻把黑貓留在原地，室友一聽就覺得不妙，立刻請同事待在原地守護，拉著順康一起騎車到湖邊「等人」。

這一等就是 2 小時，夜已深，一直等下去也不是辦法，只好先帶牠回住處，等天亮再說。

室友回去拿外出籠，順康留在原地陪著貓，順康一直對牠說「別亂跑喔，我們待會帶你去住旅館」。說也奇怪這隻黑貓不但不會亂跑，還跟著順康在附近走來走去，等室友來了，還自己走進籠子，完全不忌諱籠子裡面滿滿都是其他貓咪的味道。

礙於室友房間已有貓主子，為避免發生「衝突」，只好讓黑貓與從沒養過貓的順康共處一室。

順康準備了一個簡便的貓砂盆、向室友要來一些飼料和水，拍了幾張照片上傳金門的浪貓 FB 社團，詢問是否有人走失貓咪後便倒頭就睡了。

半夜裡，這傢伙竟然跳到順康身上「踏踏」，把素人嚇得半死。

隔天，FB 社團沒有任何指認的訊息，只好帶去掃晶片（還好有植晶片）。

拜託防疫所聯絡晶片上登記的主人，原飼主表示這隻黑貓早就轉手讓給一對學生情侶，可能是因為放暑假或畢

校 長
Principal
危正華
WEI CHENG-HUA

業了，迫於無奈而棄養，原飼主還故作大方的說：「如果你要養就帶回去吧！」

順康審慎的思考了 5 秒鐘後，小黑貓就成為他生命中的第一位毛小孩。

2016 年 12 月，順康結束了金門的工作回到花蓮，「卡蹦」（Carbon，黑碳）經歷了 1 小時的飛行、3 小時的火車之旅後，和順康一起回到花蓮展開新生活。

媽媽說自從卡蹦來了之後，上班既不會遲到、也不需要鬧鐘了，因為卡蹦每天 6 點準時來叫起床！

林家男丁基因強大，共有三兄弟，2 位都在外地工作，另外 1 位則是經常閒雲野鶴的到處走萬里路，合照中站在後方的大男孩其實是順康的雙胞胎弟弟，當天順康在外地工作。

自從卡蹦去年進入林家之後，三兄弟就不曾吃過雞肉了……

媽媽說肉是要給卡蹦吃的；爸媽年紀大了，飲食注重養生，所以包辦雞湯；那麼……這些雞骨頭，你們三兄弟分一分吧！

編後語

拜訪林家是個美麗的意外！

前往花蓮前一天才得知順康是住在花蓮、而不是金門，還好時間很充裕。順康的母親在我結束第一個任務的時候來接我，林媽媽的國語發音字正腔圓，我心想，她一定是教職人員。林媽媽說，她得順道辦件事，當然沒問題啊。

不一會兒，車子就停在吉安國中學校門口。「哈哈，我的第六感應驗了……」

沒想到林媽媽一路把我帶進校長室，直到我看到桌上的名牌……趕快挺直背脊、雙手併攏，乖乖站在一旁等候。

後來得知順康的父親是花崗國中前任校長林東興，父母都是校長的家庭應該不多見吧？下次遇到順康時，一定要好好聊聊這個話題！

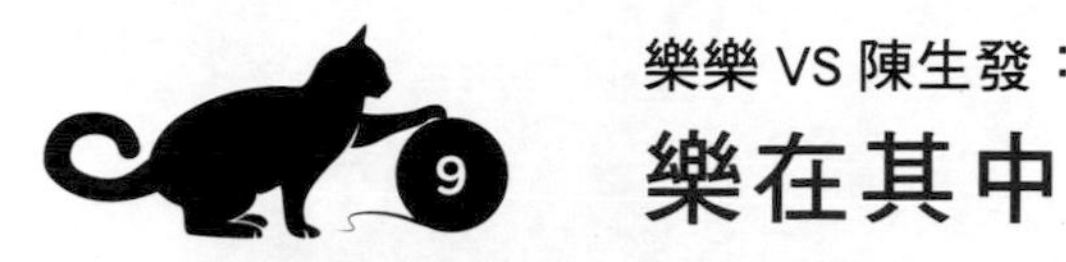

9

樂樂 VS 陳生發：

樂在其中

地點：嘉義西區
飼主：陳生發
黑貓基本資料：樂樂／男生／未滿 1 歲／ 3 公斤

2017年8月29日，樂樂成為陳生發人生的第一隻黑貓！

朋友家的黑貓生了 3 隻，只有一隻全黑，陳生發連看都沒看，就指定要黑色！

剛出生不到 2 個月的樂樂，讓陳生發當了一段時期的奶爸，餵奶、協助排便等等，因而與樂樂之間建立起深厚的感情。

小黑貓樂樂身體健康，卻很調皮、好動，經營洗車生意，自然得敞開大門，陳生發也任由樂樂與另一隻橘貓芬達自由的穿梭店裡⋯⋯

有一天，樂樂卻擅自跑出門去，跟其他貓打群架，還被追到店裡面！

這一戰，樂樂掛彩了！

屁股被咬破了，流了很多血，雖然很快就癒合，還是治療了一個多月⋯⋯從此以後，陳生發更注意樂樂的一舉一動了！

※ 男生橘貓是芬達

陳生發是個標準的可樂迷，資歷長達 25 年！

這一切的契機源自最初朋友送他一個曲線瓶，陳生發覺得很討喜。過沒多久，因準備創業，靈機一動……他便以可口可樂為設計主題，甚至使用瓶蓋一個、一個的拼接成地板，瘋狂收集各式各樣的周邊商品……

陳生發在嘉義經營的洗車店，店名就叫可樂，優異的洗車技術加上與生俱來的喜感，可樂洗車店成為眾多跑車車主的御用洗車專門店。

沒想到有一天，自己的職業與收藏，讓他站上了世界的舞臺！

美國亞特蘭大可樂總部於多年前推出可樂職人企劃時，也就是工作結合興趣的 worker。

結果，全球只有 4 位（德國、義大利、美國）入選，他是亞洲唯一！

2015 年，陳生發終於飛去美國造訪每年吸引 300 萬人次的可樂世界，當自己的記錄片映入眼簾，鐵漢子陳生發也不禁動容、紅了眼框……

陳生發，臺灣之光！

編後語

每次為黑貓與飼主拍合照的時候，我總是會不由自主的提高聲調「保持微笑」、「眼神溫和一些」、「靠右一點」……

然而，這位飼主完全不需要，表情豐富到我一拿起相機，他馬上就定位……

連整理照片，都要先從他的收藏品開始著手，完全搶走小黑貓樂樂的風采！

銳德 VS Li Dai Hua：

今生來磨練我的前世兒子

地點：臺東知本
飼主：Li Dai Hua（採訪當時就讀國立臺東大學兒童文學研究所）
黑貓基本資料：銳德／男生／1 歲半／4.7 公斤

在妳化為塵土的十年後

懵懂無知的年紀，還來不及探索什麼是情、什麼是愛，就得面臨分離與失去，最大的遺憾是沒能在妳離開前，陪在妳身旁。

這十年來，我相繼從國中、高中畢業了，如果妳沒離開，我們就可以一起討論要唸什麼科系，大學畢業後要做些什麼。妳應該明白，我一直在與妳交談，無論是遇到開心的事或是面臨挫折，妳永遠都是我第一個報告的對象，即使妳早已從我的世界離開。

我們最後一次見面時，妳氣弱游絲、卻又堅定地對我說：「真想養一隻黑貓。」

記憶隨著歲月逝去而模糊，妳想要養一隻黑貓的願望依然存在著。

那年是妳離開這個世界的第十年，我遇見了「那隻小黑貓」，我想也該是時候了，是時候完成這項使命。

我當時還在花蓮唸書，無意中，看到臉書社團貼出認養文，原來中途人是認識的人，這或許是巧合。當時有兩隻貓等待認養，一隻是賓士、另一隻是煙花黑貓，而我的房東遲遲未回覆是否允許養貓，因此沒能即時完成領養。當時，有位女士表示對我想領養的煙花黑貓興趣，但到了中途人的家後，卻發現煙花黑貓實在是太皮了，她婉轉地表示「比較想要一隻乖巧笨拙的貓」，因而改為領養賓士。

冥冥之中，該是我的，誰也帶不走吧。

後來，我與小黑貓一起從花蓮搬到了臺東，並取名「銳德」。「銳德」這個名字來自於《憤怒鳥》中的紅色主角，他的名字叫「Red」，中譯就是「銳德」。我非常喜歡《憤怒鳥》的電影，也認為這隻黑貓與主角銳德的個

性相似，所以選了這個名字。

我曾經相當懷疑，鋭德代替她來到我身邊。

我們常常一起睡覺（雖然還沒結紮前常尿床）、一起吃飯、一起看一本書或者一起玩耍，絕大部分時間，我是牠的玩伴。鋭德是一隻完全不怕生、且活動力超強的貓，卻非常的乖。牠去醫院打針不會亂叫，剪指甲也不會亂鑽或咬人，我以為牠是怕到不敢造次，後來才發現牠真的是一隻膽大包天的小黑貓。

完全沒有養貓經驗的我，除了購置一些玩具與食品之外，也上網爬了許多文章，鋭德也逐漸成為我生活的重心，成為與我一起生活的家人。

時間飛快地過去，我越來越深信牠是妳派來的，讓我澈底撫平傷痛、了卻十多年來糾結的思念，讓我堅定地往前走，不再原地停留。

我本來不相信巧合與因果，而牠對我來說意義深遠且重大，牠的出現甚至改變了我。對於能夠收養牠，我覺得自己很幸運。

謝謝中途人，也謝謝離開這個世界的妳。

編後語

拜鋭德是一隻過動貓、Li Dai Hua 是一個標準文青，這樣不難理解 Li Dai Hua 為什麼會認為鋭德是來磨練他的吧？真的，鋭德從我抵達到離開，一刻未曾停止過，動個不停！

因行程緊湊的關係，在拍完照之後，沒有太多時間記錄，只好請 Li Dai Hua 自行撰寫，我再來潤稿！無心的安排，剛好讓他能夠澈底的整理自己的情緒，做個了結！深情男子在現今社會裡，真的是稀有動物啊。

黑卒 VS 康明義：

貓農夫

地點：花蓮縣瑞穗鄉
飼主：康明義
黑貓基本資料：黑卒／女生／約 6 歲／約 3 公斤

藍天綠地稻米央央，黑卒伴隨田野任翱翔

黑卒阿爸自述

鄉下地方鼠輩橫行，必須養貓驅趕。有一天在倉庫裡發現一窩剛出生的小貓，我就偷偷地抱走了其中一隻。

可是，只過了一晚就後悔了，還沒開眼的小貓不但要 2 ～ 3 個小時就要餵一次奶，還要擦屎擦尿。

隔天趕快抱去還給母貓，沒想到來不及了，母貓發現小貓被偷，早已漏夜捲鋪蓋走人！

這下子得負責到底……

取名字的時候，希望牠長大後可以稱霸整片山林，臺語有句話叫「黑卒仔吃過河」，於是就叫黑卒！

長大後的黑卒果然不負所望，狩獵技巧一流，成了鼠輩終結者！

但牠的個性有點孤僻，不愛人抱，來無影去無蹤；有時早晚回家吃飯後就不知去向，又會突然地出現在腳邊撒嬌磨蹭。

有一天，黑卒一直往家裡跑，抱出去又跑進來，沒多久才發現牠在屋後紙箱生了三隻小貓，原來牠懷孕了。我們家竟然都沒人察覺，後來帶牠去結紮，但手術拆線後就逃家了，大概在生我的氣。一直到 2 個多月後才又回來，從此來來去去，直到這二年才比較穩定，天天回家吃飯。

玉里鎮是我太太的家鄉，記得第一次到玉里春日的那天早上，瀰漫著一片濃濃的晨霧，田野裡的霧景，別有一番意境，霧散了之後才發現自己站在一個兩邊聳立著高山的山谷裡。

其中一座山底下有一條大河，就是知名的秀姑巒溪；而另一邊沿著海岸山脈下來的是一階又一階的梯田，動人的景

色讓我忍不住對太太說，退休後我一定要來這裡定居。

還沒詳加計畫、變化就出現了，我與太太、兒子一起回歸故里——花蓮縣玉里鎮。

第一次下田時，終於體會到什麼是「誰知盤中飧，粒粒皆辛苦」。

不管是豔陽高照、吹著刺骨的寒風或是傾盆大雨，一樣都要下田，對於習慣在冷氣房工作的我，無疑是一大考驗，每天拖著疲憊的身軀回家，不止一次的問我自己，這真的是我要的嗎……

隨著日子的過去，對這一片田野的熱愛逐漸戰勝身體上的痠痛，經過一段時間的操練後，越來越適應農作。最初不少人認為我是臺北來的弱雞，等著看我上演捲鋪蓋回臺北的好戲……

當興趣與理想激盪在一起所爆發的原動力，幫助我克服許多困難，再加上堅持，就會有持續做下去的力量……

常被問及為何願意回鄉務農，我認為每個人都在追求自己的理想與自己想要過的生活，我不過是具體實現而已……

秉持「與地共生、與蟲共存」的精神，花東縱谷的沃土、秀姑巒溪旁的好水、北回歸線的陽光、山谷中無染的空氣，孕育出的「自然有蟲米」連對岸也來觀摩！

日前更榮獲 108 年稻米達人冠軍賽有機米組的季軍！

編後語

拍攝黑卒讓我備感壓力，主因是黑卒阿爸是攝影高手（技不如人啊），其次是怕自己追不上黑卒的腳程，總不能只拍「卡撐」啊！

有壓力的不只是我，黑卒阿爸也很有壓力，他怕我拍不到黑卒，於是一大早趁黑卒吃完早餐後就把牠關在家裡。當我一進入康家，黑卒就一直往門邊鑽，我趕緊拿出相機能拍多少算多少，等到順利完成合照後，立馬放黑卒自由。

尾隨在後的我和黑卒阿爸二個人像極了狗仔隊（笑），2 支長鏡頭緊緊鎖定，讓人驚喜的是黑卒竟然沒有一溜煙的跑得不見蹤跡，彷彿知道今天是女主角，整個田埂成了黑卒的紅地毯……

在天地之間的黑卒有種無法言喻的靈性，這對一直都是拍攝家貓的我，體驗到從未有過的戶外攝影樂趣，有種任督二脈被打通的快感！

矮牆邊，黑卒停下腳步，讓我有機會近距離的觀察牠。黑卒身材小巧，腳掌卻很大，顯示動物為適應鄉野間的生活而出現的自然變化！

上車離去之際，我才想起還沒好好欣賞這一片綠意盎然的景色！從車後窗望去，真的是前面有小河、後面有山坡——對於都市佬的我來說，彷彿人間仙境、世外桃源。

歐喵 VS 宜倫＆雅穗：

非常羨慕牠的世界

地點：彰化縣花壇鄉
飼主：許宜倫、金雅穗
黑貓基本資料：歐喵／男生／約 1 歲／約 3.5 公斤

雅穗喜歡小動物是受到老爸的影響，無論是鄉野間或是河床邊，只要看到路上有小貓、小狗受難，老爸一定出手搭救，一次拯救整窩小貓或小狗是老爸的日常！

一心嚮往農場耕作生活的宜倫，靠著自己的雙手把一塊荒蕪的土地開墾出一片生機，甚至搭建了一座小屋，成為宜倫與雅穗家族聚會的祕密招待所！

有一天，宜倫在農場附近路邊發現一隻好像才剛斷奶的小黑貓，宜倫似乎繼承了雅穗老爸的志業，先救再說，這一救，幫自己找到了最佳幫手！

宜倫一整天都在農場幹活，農場裡也只有宜倫一人，小黑貓歐喵來了之後，不但隨時隨地幫忙「製造肥料」，老鼠也被抓得乾乾淨淨……

宜倫與歐喵相處的時間可能比其他家庭成員還要多，一人一貓之間也變得越來越親近！

介於家貓與戶外貓的歐喵，均衡的兼具這兩者之間的角色，牠的遊戲區至少好幾百坪，充沛的運動量讓歐喵的體態非常勻稱。

造訪宜倫農場的人得學貓上廁所，那就是自己的東西（便便）自己掩埋。

編後語

拜訪宜倫與雅穗當天，剛好是雅穗父親生日，約好到他們家的農場烤肉慶祝！

雅穗開車到約定地點接我們，剛開始路況還算正常，轉過幾個路口後，就只剩一條只夠一部小車通過的山路。比人還高的雜草不斷劃過車身，雅穗笑笑的說：「我的車是戰車，沒事的。」

宜倫與雅穗是一對平凡的夫妻，但他們的平凡來自於無私的犧牲與奉獻！這一家人有種淡淡的、雋永的幸福，所謂與人無患、才能樂得與世無爭啊！

採訪番外篇

臨終前為自己心愛的飼主欽點終生的伴侶
也為自己找到埋葬自己的永眠之地
許宜倫與金雅穗的貓咪奇緣

兩人相遇時，雅穗剛結束一段長達七年的戀情，同時獲知心愛的三花貓小六罹患癌症，即將不久於人世，因而終日鬱鬱寡歡。

年齡比雅穗小五歲的宜倫，與雅穗在同一產業服務因而結識。他雖然寡言木訥，但看到深陷悲傷情緒的雅穗，男人與生俱來保護女人的本能，讓他找盡各種藉口邀約雅穗出遊。

當時的雅穗只是把宜倫看作是一位「無害的弟弟」，在他面前毫無戒心……

在兩人逐漸熟識之後，有一次一起外出後沒多久，雅穗因擔心臥病在床的小六，想提早回家，宜倫表示想看看小六……。這一看，竟為兩人的終生大事寫下歷史性的一頁。

小六並非不親人，而是頑固的、選擇性的親近。雅穗的親朋好友沒一個讓小六放在眼裡，小六只親近老爸、還有小阿姨。因為他們都是愛貓人，尤其是老爸，平時只要看到受難的貓狗，一定不假思索的伸手搭救。

從未有過飼養貓狗經驗的宜倫，在進入雅穗家的那一刻，小六竟然主動跳到他身上，還不斷的踏踏又呼嚕。宜倫一頭霧水，雅穗卻驚訝極了。從此，雅穗打開心房，打從心底的接納宜倫。

外表俊俏、年齡又比雅穗小，兩人的交往在業界傳出負面的風聲。

宜倫為守護好不容易培養出的愛苗，毅然決然的辭去工作，他把舞臺留給心愛的女人，自己則全心投入嚮往已久的耕作生活。

就在兩人相識 3 個月後，小六離世了。宜倫親手把牠葬在自己開墾的農園，讓牠永遠陪伴在男女主人身邊。

小六也似乎在冥冥之中，為心愛的男女主人欽點自己的接班人——歐喵，共同守護這一家人。

奇蹟 VS 興旺動物醫院：

活下去就有希望

地點：臺中市南屯區
飼主：興旺動物醫院
黑貓基本資料：奇蹟／男生／6 公斤／8 歲

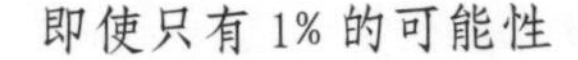

即使只有 1% 的可能性

臺中市西區某小吃店餵養的一隻黑貓發生重大車禍，店家緊急聯絡附近的愛媽接手處理。已經成年的黑貓身上出現大面積的組織壞死，愛媽趕緊送往動物醫院……

沒想到，第一家、第二家、第三家……竟然連續被多家動物醫院判定為急救無望而拒收，甚至建議安樂死……

愛媽束手無策，眾人紛紛建議放棄，不過是一隻街上乞討的浪貓罷了！

不忍、不捨……愛媽心裡有個小小的聲音吶喊著。

再試一次、再找一家動物醫院，說不定會有奇蹟！

愛媽展開地毯式的搜尋，透過電話盡可能向動物醫院簡單扼要地描述受傷程度及其他獸醫的見解，終於，「趕緊把牠帶來……」

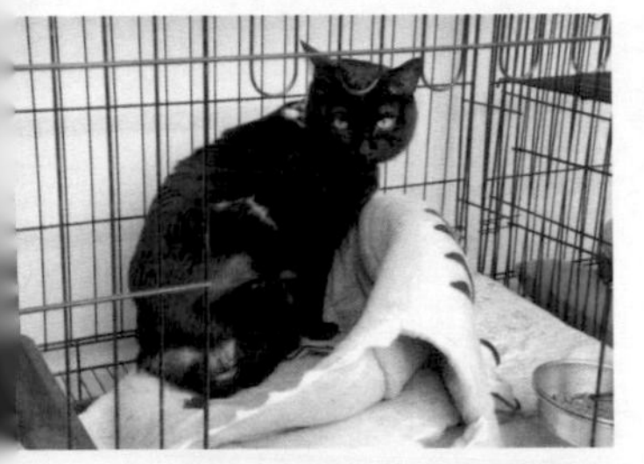

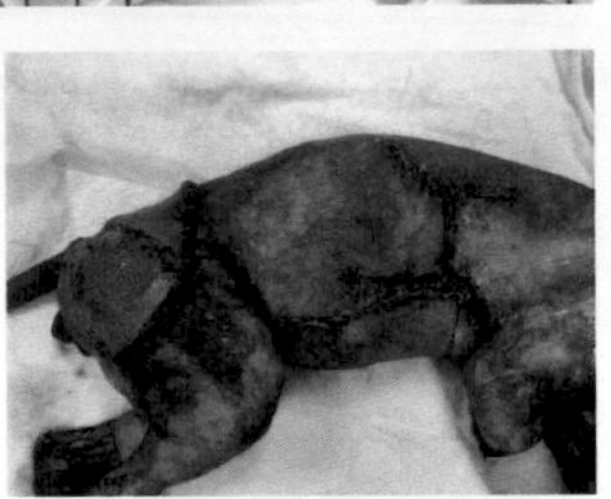

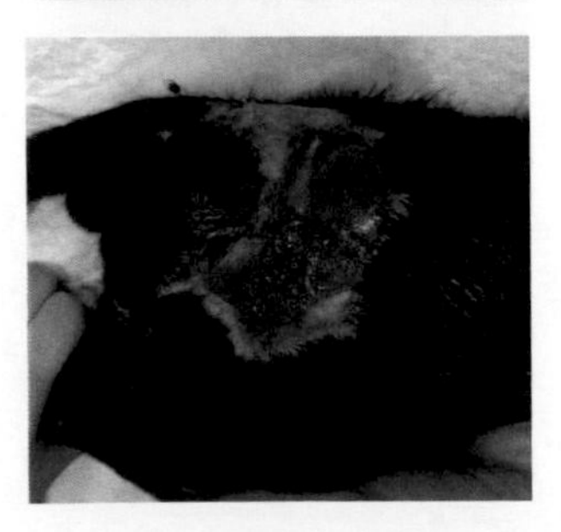

李辰涵獸醫師翻開就診記錄，那一天是 2016 年 2 月 19 日，與愛媽雙貴姐經過一番長談後，愛媽堅決拯救的態度，讓在場所有人動容……

院方秉持著只要有 1% 的治療希望就絕不放棄的原則，所有醫護人員都動了起來，全力展開救治……

首先，急救（注射升壓藥）與清創並行展開。黑貓是躺著到院的，意識不清、全身沾滿泥巴，由於體溫、血壓都很低，因此大家分工，一面以吹風機、保溫毯協助體溫回升，一面給予升壓藥物與靜脈點滴穩定血壓，全程監控每一個呼吸與心跳……

黑貓逐漸恢復意識，睜開眼睛傻傻的看著周圍。醫護人員立即進行餵食，黑貓也努力吃下每一口可以讓自己再次重生的食物，所有人都感受到黑貓強烈的求生意志！

歷經多次皮瓣修補手術，因傷口範圍太大，無法一次

全部縫合，不得不分次進行。在所有暴露的傷口全數關閉之前，仰賴一再的清創，也就是熬過了一次手術之後，加上每天清創，再等待下一次手術、繼續清創、手術……反覆至傷口越來越小，直到全數癒合！

黑貓沒有抵抗、更沒有恐懼的反應，想必牠心裡十分篤定，在醫護人員細心治療下，自己即將重生。

過去，因為是黑貓，所以餵養的店家就隨意的叫牠小黑。

未來，希望牠像奇蹟一般的復原，牠有了自己的名字——奇蹟。

感謝願意不計費用，全力支持院方做出每一個醫療決定的愛媽「雙貴姐」，沒有她執意救援，我們或許也看不到今天的奇蹟！

編後語

獸醫的鍥而不捨為一隻原本無人疼愛、孤苦無依又遭逢巨變的黑貓帶來生命之光。恢復健康後的奇蹟會主動接近住院的貓咪，坐在牠們的旁邊、靜靜的守護，或許這是牠報恩的方式吧！

一般家貓也難免會有健康上的問題，對於有毛小孩的家庭來說，收費合理以及兼具醫療道德＆技術的動物醫院，可遇不可求啊！

BELLA &恰恰&貝克&嚕嚕 VS 芯芯：

未來的日子我會用盡全力讓你們過幸福的貓生，我們是永遠的家人，不離不棄

地點：臺北市大安區
飼主：梁芯芯 BLENDA 服飾店
黑貓基本資料：
1. BELLA：女生／3歲／5.5公斤
2. 恰恰：男生／1.5歲／5公斤
3. 貝克：男生／3歲／6.5公斤
4. 嚕嚕：男生／1歲多／5公斤多

擁有獨特、神秘氣場的黑貓，沒有任何一種花色能夠媲美

一直想要養黑貓，在網路上看到某位音樂人的送養文，文中描述產下4隻小黑貓的母貓沒多久就被車撞死了，惻隱之心油然而生。音樂人的送養手法就是不一樣，4隻小黑貓分別穿上不同款式的小襪子，其中穿了皮卡丘襪子的小黑貓，尤其可愛。

沒多久，填好資料、順利完成領養手續後，取名叫做BELLA，成為芯芯的第一隻黑貓。

愛撒嬌、愛黏人、愛吵架、又愛爭寵、更愛到處尿尿，BELLA的叫聲用「如雷貫耳」來形容一點也不為過！

BELLA似乎患有分離焦慮症，有一次芯芯出國，BELLA的頭上竟然白了一塊，可能是用手一直撥自己的毛吧。

芯芯在社群媒體上看到一隻黑貓因急病需要輸血，秉持著「貓溺己溺」的精神，芯芯帶著肥美的BELLA捐出熱血，於是，BELLA成為一隻捐血貓。

長達4個多月一直有一隻黑貓在溫州街便利商店附近亂竄，但，芯芯只見其影、不見其貓！

某一天在路上遇到附近愛媽，聊著聊著，愛媽說她捉到一隻黑貓，深入了解之下，原來是同一隻！愛媽說這隻黑貓非常親人，一叫就來！

芯芯自告奮勇接手照顧、安排送養。然而，養著養著就捨不得送人了。牠是恰恰。

與恰恰同一個地點被發現的，愛媽認為已經被 TNR 的貝克疑似是恰恰的爸爸！

帶恰恰回來的第二天，本來只是想去跟恰恰愛媽打聲招呼，表示自己想要收編的意願，竟意外遇到另一個愛媽把貝克帶去同一個地方！

或許是因為貝克隱約知道芯芯把恰恰帶回家的關係，貝克用著輕快的步伐奔向芯芯，被 TNR 的貝克準備原放的，芯芯注意到貝克肚子有手術傷口，如果沒有處理好，之後會更棘手。

只好趕緊帶去給熟識的獸醫診察，獸醫判斷可能是前一位獸醫不知道貝克已經結紮，在 TNR 過程中又被劃了一次刀，傷口卻沒有處理好。經過一番折騰後，芯芯心裡盤算著，還是先帶回家好好休養再說吧。於是，疑似是父子倆的恰恰與貝克相隔不到 24 小時，先後在芯芯家重逢了。

雖然剛開始倆貓彼此互看不順眼，待貝克傷口好了之後，芯芯怎麼捨得拆散這父子倆呢。現在，頭好壯壯的貝克也即將成為捐血貓喔。

收編嚕嚕又是個美麗的意外。朋友家屋頂有隻貓在叫，找里長、找環保局幫忙，他們都說只抓死、不抓活。

芯芯只好求助臉書社團「貓咪也瘋狂」裡面一位抓貓達人幫忙。達人不用半刻的時間就手到擒來，但，達人只負責抓，剩下的自己看著辦吧。小黑貓非常兇，芯芯打算結完紮、帶回家療養後再原放。

芯芯利用夜間觀察了一段時間，嚕嚕如此膽小，一定無法適應戶外的生活。

嚕嚕戒心很重，芯芯試圖接近嚕嚕，不是被咬、就是被抓，芯芯雙手都是傷口。

※ 畫裡的橘貓是芯芯服飾店的食客。

找來各種貓咪音樂，每天放給嚕嚕聽，希望放鬆嚕嚕的身心！
有一天嚕嚕終於願意靠近芯芯、也開始磨蹭了，這足足經歷了半年多。

多才多藝又會畫畫的美麗女子——梁芯芯，深陷憂鬱症之苦好長一段時間，陸續收養了 4 隻黑貓後，在照顧與被照顧的過程中，找到了生命的意義與生活的動力。

黑貓們溫暖純真的陪伴，讓芯芯的靈魂有了依歸……

編後語

很多人對捐血貓一知半解，甚至對貓咪的血型也不知道，表示黑貓主子很健康、沒有生過病！但，萬一突然需要緊急輸血呢，上哪兒找，就算找到了，還得進行配對，必須配對成功才能輸血。

由於臺灣並未對血液訂定標準，城鄉差異相當大，北部地區 1cc 要價 200 元，萬一罹患的是貓咪常見的腎衰貧血，恐怕一次輸血都是一萬元起跳！

Zelda VS Eric：

臺灣是我的家，我所有的朋友都在這裡，還有我的貓家人

地點：高雄市左營區
飼主：Eric
黑貓基本資料：Zelda／女生／3～4歲／4～5公斤

已取得臺灣永久居留權的美國籍 Eric 在高雄飼養的第一隻黑貓叫做夢魘「Nightmare」。

那是在 1993 年，有一隻流浪貓在 Eric 房子四周逃竄奔跑，當 Eric 意會到鄰居即將試圖用藥毒死牠時，立即決定把牠帶進屋子裡。

一年後，Eric 和美國朋友以及他的臺灣妻子一起租屋，因友人妻子答應 Eric 可以養貓。

2 個月後，友人妻子的姐妹們告訴她，黑貓會帶來厄運，她不假思索的立即殺了牠、並且把牠的屍體隨意的丟棄了！

她把這件事情告訴了她的丈夫，他也轉告 Eric，自己的妻子已經為 Eric 解決「問題」了……這不是 Eric 第一隻被殺的毛小孩。

當 Eric 在印度時，Eric 的小狗被殺死、吃掉，當 Eric 搬到菲律賓時，Eric 的貓也同樣被殺死並且吃掉。

一位住在南投的朋友告訴 Eric，他養的是黑貓，卻一再遭到村人的責罵與詛咒，這裡的流浪黑貓的下場往往都是被毒殺後曝屍荒郊野外！

貓狗被飢餓的窮人吃掉，因為他們不明白那是某人形同家人的毛小孩。Eric 儘管悲傷，理智的 Eric 知道飢不擇食的後果！

但在臺灣，當人們因為迷信而殺死動物時，真的讓 Eric 無法釋懷……

在資訊發達的現代，民眾為何仍如此無知、如此殘忍？

當 Eric 知道黑貓身上的顏色終究成為黑貓一輩子難以褪去的原罪後，Eric 決定盡可能的援助黑貓。

於是，Zelda 出現了……

沒有人知道 Zelda 過去的遭遇，被愛媽救援後，不僅

不親人、甚至還會兇人，Eric 說，我來試試看吧……

戒心很強的 Zelda，似乎永遠都無法卸除心防，Eric 也不期望任何改變，保護牠、給牠一個安全的家，勝過一切。

高雄有一位愛媽讓 Eric 非常懷念，至於為何懷念，因為她已經失蹤了。

這位愛媽善良的心胸，加上她照顧流浪貓的方式導致她負債累累……

愛媽每救援一隻浪貓，至少花費超過 3 千元，能夠送養、就盡量送養，送不出去的病貓，全留在身邊、直到老去，愛媽告訴 Eric，絕不讓她手上的貓死在街頭。

Eric 試圖向她提供一些金錢資助時，被她拒絕了。

對於 Eric 來說，這位愛媽宛如一位天使，Eric 相信這樣的天使到處存在各個角落，但她們實在是太勢單力薄了。

決定留在臺灣後，Eric 努力工作、存錢，終於有了自己的房子，也如願為心愛的貓咪們設計屬於牠們的遊戲區、天空跳臺、日光浴小陽臺，從此不用再看房東臉色了！

黑色浪貓 Zelda、黑色波斯 Zola、白色波斯 Zeus、黑白浪貓 Zac、俄羅斯藍貓 zoya、布偶貓 Irma。

貓知識

世界上的黑貓：

1. 法國貓界最具代表性、傳承超過 120 年的圖騰是一隻黑貓。
2. 東歐地區少數人為避邪在萬聖節前殺黑貓，美國等地為此盡可能避免在該節日前後開放領養黑貓。
3. 英國動保團體成立「黑貓感謝日 Black Cat Appreciation Day」（8 月 17 日）呼籲重視黑貓。

編後語

Eric 總共有 6 隻貓，因為喜歡 Z 這個英文字母，所以，其中 5 隻都是以 Z 開頭。

採訪 Eric 當天是在完成「黑色會 @ 高雄」的活動之後，隨行的還有黑貓阿勇的飼主 Jona Chen，一路上我們倆都在討論 Eric 家裡的「貓砂自動清理機」，因為他不只有一臺。

庸俗的我，事後忍不住問 Eric 多少錢，Eric 說，貴到他在買了之後就決定忘記，永遠不要再想起。

16

喵喵 A VS Rita：

教會我如何放慢步調享受悠閒生活

地點：基隆市
飼主：Rita Chen
黑貓基本資料：喵喵 A／女生／4 歲多／約 4 公斤

4 年前的 8 月 19 日，Rita 路經基隆長庚醫院，看到一隻小黑貓，身上溼溼的、油油的，模樣狼狽極了！身為動保志工的 Rita，立刻把小黑貓送醫治療。

根據獸醫初步檢查，除了嚴重脫水現象外，並沒有任何外傷。Rita 不放心，選擇住院觀察幾天。

沒想到，小黑貓的皮膚一天一天的潰爛，一週後的狀況簡直「慘不忍睹」，4 個腳底全潰爛，最嚴重的莫過於兩隻耳朵，潰爛到必須切除……

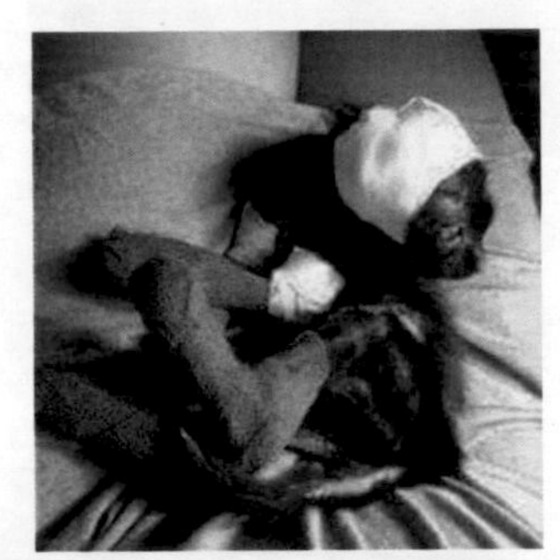

由於獸醫無法判定小黑貓的病因，猜測可能是碰觸到刺激性液體，存活的機率渺茫……

小黑貓歷經了十多天生死交關，不知道該不該算是奇蹟，小黑貓身上剝落的毛竟然一根一根的長回來了！

Rita 還記得小黑貓當時週一～週五住院、六日再帶回家，如此往返了將近一個多月，從未飼養過貓，一直都是狗派人士的 Rita，受到小黑貓旺盛生命力的激勵，決定在小黑貓出院後好好照顧牠，等到完全恢復健康後再幫牠找家。

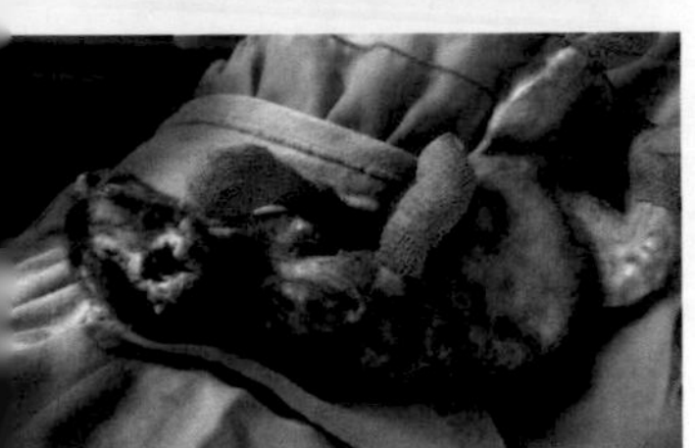

每當 Rita 想跟小黑貓講話時，都會先喵、喵 2 聲，好吧，乾脆取名叫做「喵喵 A」！

Rita 家中有養狗，為了讓喵喵 A 好好養身體，就把喵喵 A 放在自己的臥室。

每天近距離的接觸，讓 Rita 的先生也越來越關心喵喵 A。

送養經驗豐富的 Rita，剛開始很積極的與先生討論如何送養、喵喵 A 適合什麼樣的飼主等等，夫妻倆好像是在選女婿。

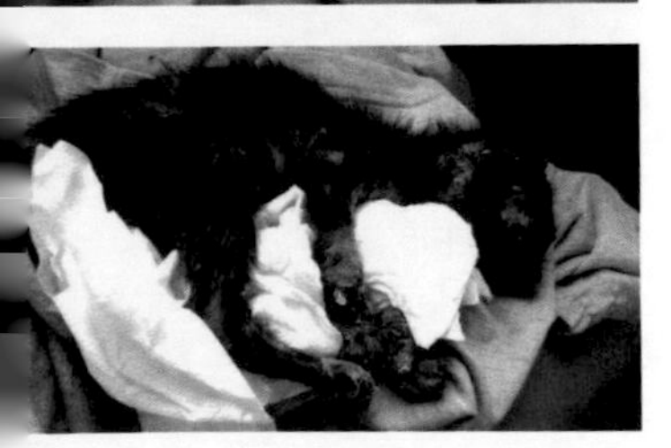

日子一天一天的過去，「送養」這個話題自然而然消失的無影無蹤！

從小家庭管教嚴格，導致 Rita 的個性也是凡事一板一眼、循規蹈矩；每天早上起床、到晚上就寢休息為止，一刻也不得閒……

自律甚嚴的 Rita，也經常把周遭的人搞得很緊張，夫妻關係更是緊繃！

自從喵喵 A 來了之後，Rita 漸漸學會了「放鬆」。

Rita 最愛看喵喵 A 舔毛，看著看著，就忘記手邊的工作，怎麼看都不會膩，彷彿喵喵 A 的一天有好幾千個小時都用不完，外面的紛紛擾擾就留給外面的世界吧。

潛移默化之下，Rita 漸漸放慢步調，個性也變得更柔軟、更圓融了。夫妻倆也因為喵喵 A 的「介入」，共通的話題越來越多，喵喵 A 成了兩人感情的潤滑劑。

被喵喵 A 收服的除了 Rita 的先生之外，還有一位平時不苟言笑的父親。

Rita 萬萬沒有想到，生性嚴格、連平常也很難看到笑容的老先生，竟然被一隻小黑貓給融化了！

編後語

和其他花色的貓咪最大不同之處在於，小黑貓從 1 ～ 2 個月大起，會突然的鋭變，就像醜小鴨變成天鵝一般，又以母貓的變化最讓人驚艷！即使沒有了雙耳，喵喵 A 還是一樣可愛啊！

嚕嚕 VS 南茜：

人見人愛的貓界諧星，媽媽期待跟著嚕嚕一起發光發熱

地點：臺中市太平區
飼主：葉南茜
黑貓基本資料：嚕嚕／男生／3 歲／5.7 公斤

105 年 10 月 13 日，一隻尚未開眼的小黑貓出現在南茜做生意用的貨車上。隔日又發現另一隻橘貓，應該是同一胎。

黑貓取名嚕嚕，橘貓取名妞妞。

母愛瞬間噴發的南西，澈底的啟動奶媽模式，從餵奶、拍嗝、嚕屁屁大小便等等，繁瑣程度不輸給照顧嬰兒。

儘管手忙腳亂，這一段經驗對南茜來說，充滿甜蜜、又永生難忘！

嚕嚕貪吃、好奇心強，個性像狗、一點也不像貓，與妞妞感情非常好！

南茜夫妻倆平時在臺中市太平區的市場做生意，嚕嚕與妞妞每天跟著把拔馬麻一起賣菜上班，成了名符其實的招財貓。

2 隻貓在賣菜的攤位有自己的小窩，很多愛貓的大小朋友經過都會來看看牠們，南茜坦言的表示，不少客人是為了看嚕嚕而來買。

編後語

第一次看到嚕嚕的照片，就深深喜歡這隻看起來無憂無慮的黑貓，而南茜疼愛嚕嚕的程度，從分享的照片就可以感受到。見到本尊（南茜與嚕嚕），果真一如所料。

嚕嚕一身都是飽滿的貓肉，肚子也下垂了，一刻也不得閒的動個不停。嚕嚕如果是人類，肯定就是那種會故意翻小女生裙子、沒事就愛逗弄女生哭的調皮小六生。

人見人愛的貓界諧星，媽媽期待跟著嚕嚕一起發光發熱

喵醬 VS 陳橙：

個性鮮明又固執的老頭子

地點：苗栗市
飼主：陳橙
黑貓基本資料：喵醬／男生／5 歲／3 公斤多

生命有限　回憶永遠都在

喵醬自述

我是一隻黑色的波斯貓、也可能是加菲貓，我是繁殖場不當繁殖下的犧牲品！

有一天，有個姐姐把我買回家了，我以為那是真正的家。但是，姐姐經常不在家，把我丟給爺爺照顧。可是，爺爺討厭貓，根本無意照顧我，甚至通報收容所的人來把我帶走！

我害怕的躲了起來，躲在家具後面，爺爺心急之下，竟然拿來一支鐵絲，想把我勾出來，卻戳到我眼睛……

陳橙自述

我是一個把狗搞丟的糊塗飼主，4 年前的初四，我家的搗蛋狗一直哀嚎要出去玩，解開狗鍊後，結果再也沒有回來……

事發以來，習慣性的上網搜尋收容所的網站，期待有好心人送到收容所，卻一再落空。就在想要放棄的當下，卻在待領養貓狗畫面的一隅，看到了一個黑色的身影！

心揪了一下，怎會？！

徹夜不得眠的我，告訴自己是去找狗的，心裡面卻隱約有一個小小聲音在呼喚著我……那隻小黑貓……怎麼了？

我不由自主的走到雙眼流膿、雙腳浸在屎尿的黑貓身邊，蹲下來喊聲喵，牠也小聲的回我喵，一股酸酸的暖意湧上心頭。

向收容所人員詢問，才知道牠在收容所裡已經待了整整 12 天，因為是品種貓，來看的人很多，可是全被牠雙眼流膿、瘦弱的樣子嚇到了，大家都不想負擔醫療費、也

不知道能不能活下去，所以沒人領養！

走出收容所，止不住淚水的我，直奔寵物用品店，買了外出籠、迅速返回收容所，填好資料，帶喵醬回家。

是的，我要給你一個家，我要給你一個有你、也有我的家，我們的家……

喵醬與陳橙之間的羈絆隨著喵醬逐漸恢復健康而越來越深。

繁殖場不健康的貓父母，種種先天原因讓喵醬瘦小體弱，這是品種貓的悲哀。從小可能就沒吃飽過，加上前任飼主根本沒有好好照顧牠，導致發育不良，腸胃、皮膚都出狀況，鈣檢測質竟然是零！因為皮膚問題，打任何針都有風險，別說結紮，連預防針、晶片都有可能引起其他併發症。醫師診斷喵醬屬於異位性皮膚炎＋惡液體質，冬天會長黴菌，連整片皮都會脫落，夏天比較好一點，必須使用特殊含藥成分的洗毛精洗澡。因此，陳橙為喵醬特別設計專用洗毛區！所幸，喵醬還蠻愛吃藥的，看到餵藥針筒會自動跳上桌，甚至像狗那樣的滴下成串的口水！

編後語

這是我與陳橙第二次相聚，話題離不開我們在 2016 年舉辦的活動，我還記得當時曾經問她，為什麼參加我們的活動，她說：「健康狀況欠佳的喵醬隨時都有可能離世，在牠有限的貓生裡，我只想盡可能留下更多的回憶，無論任何形式都好，即使渺小，喵醬的身影永遠都在，而我就在牠身邊。」

19

可可 VS Anna：

品種貓也是貓，雖然外表比較吸引人，不過就是貓嘛

地點：金門金城鎮
飼主：Anna
黑貓基本資料：COCO（可可）／女生／6 個月／約 2 公斤

對美學自有一番見解的 Anna，特別到臺北拜師學藝。當時 Anna 打定主意，開花店的時候，一定要養一隻貓，既沒有品種貓迷思、也沒有刻意指定什麼顏色。

若真的要說偏好，其實，Anna 最喜歡的是全白色的貓，卻一直苦無緣分，後來，她想開了，既然白貓已經這麼搶手了，只要有人願意照顧，誰養都一樣！

去年 12 月左右，就在課程即將結束前，接獲朋友通知，原來朋友家裡的母貓生了一窩小貓，其中有一隻黑貓，也是唯一的一隻，朋友問 Anna 有沒有興趣。

Anna 眼睛一亮，小黑貓？這個有趣，黑色很神祕、很酷，好，花店的店貓就決定黑貓！

每次到臺北上課，也只待一個晚上，要把當時才 2 個多月的可可從三峽帶來金門，必須在 24 小時內搞定注射疫苗、狂犬病等等法定的措施，而且那天是星期天，Anna 使出渾身解數，最後成功達陣！

英短混金吉拉的小黑貓可可非常撒嬌，也很獨立，或許仍處於適應階段，或者是為了宣示主權，到處搞破壞，每天都有東西被毀，不是衣櫃被打開、就是門被撞開，罪狀繁多，不及備載！

Anna 的家人本來也沒有很喜歡貓，Anna 的第一隻貓因為受傷，經過一段時間照顧後，漸漸建立起情感，現在除了小黑貓可可之外，另外還有 3 隻貓。

小黑貓可可頭上那一頂小紅帽是 Anna 玩扭蛋、花了快一千塊才抓到！ Anna 在形容這件事的時候，臉上滿滿都是驕傲的神情！黑貓飼主真的可以再瘋狂一點！

Anna 有一位朋友在金門防疫所工作，據說浪貓在金門非常搶手，民眾拿號碼牌等領養早已司空見慣，卻只有黑貓沒人要，唉……

編後語

一生中應該沒有所謂灰色地帶的 Anna，極度隨性、卻又個性鮮明，連我剛到訪時，也一副意興闌珊的樣子，原因無他，因為 Anna 也是攝影玩家，我這種連鏡頭蓋都會忘記打開的菜鳥，當然難以讓 Anna 有所期待！對我不抱期待的還有小黑貓可可，竟然躲得不見貓影！

當我注意到店裡面的天花板垂掛著彩色繽紛的滿天星，正在思考用什麼角度拍攝時，Anna 的攝影魂似乎也在那當下被激發，於是，我們聯手合作拍攝出一張又一張美麗的照片！

美麗的 Anna 雖然不願入鏡，但半遮面的效果，反而營造出獨特的氛圍……

花店與黑貓的結合，這種機會真的是千載難逢！

PUMA VS Welkin Kuo：

看似高傲的外表下，其實是一個暖心的大男孩

20

地點：臺東關山
飼主：Welkin Kuo（臺東關山國中學務主任）
黑貓基本資料：PUMA／男生／約3歲／7公斤（最近瘦了！）

基於2年前發生的地震，臺東關山國中的校舍為防範未然、加上防震係數不夠而著手改建。改建期間突然出現一隻黑貓，非常非常的親人，主任一度以為是別人家的貓，四處查詢、確認沒有失主之後，馬上就地領養了！

根據主任表示，PUMA「最初的樣子」真的很像美洲豹，所以才會取名叫做PUMA。

主任養貓的資歷陸續已有10多年了，在學校擔任學務主任（舊制時期稱為訓導主任），也是英文老師，課業忙碌的時候，「學生們」都會幫忙照顧PUMA，於是，PUMA的體重不斷飆升！

主任住在學校旁邊的教職員宿舍，PUMA每天跟著主任上班上課。學校改建期間，全體學生都安排在學生活動中心上課，PUMA也跟著在活動中心進進出出的，學校完工後，PUMA也順理成章的進入教室、跟著同學一起上課、一起下課。

然而，主任為避免造成授課上的困擾，花了一段時間才讓PUMA學會不進教室。

某日，有一位教職員帶了一隻叫做黑熊的大型長毛拉不拉多大黑狗來學校，PUMA被突然出現的黑熊給嚇死了，沒命的往主任辦公室方向狂奔，主任獲報趕來時，剛好看到PUMA驚恐的眼神時，主任終於明白，自己真的是PUMA的避風港！

本來整個學校都是PUMA的遊戲區，黑熊出沒的範圍卻成了PUMA的禁區！

主任的老家在高雄，臺東雖然不是當初預定的選項，但在完全融入臺東生活之後，偶爾放假回高雄還會覺得不太適應呢！

學校裡的其他老師多數來自臺灣各地，年輕教師願意離鄉背井投入偏遠鄉鎮的教育工作，令人感佩！

編後語

若以人數計算，PUMA 獲得的關愛應該是全臺之冠！除了那隻大黑狗之外，幾乎整個學校師生都是 PUMA 的褓姆，PUMA 真的是一隻非常幸福的黑貓！

謹此再次感謝臺東關山國中三年信班全體同學協助拍攝。

黑麻糬＆阿雄＆阿杰 VS 王鳳珠：

慢活人生的最佳陪伴

地點：基隆市中正區
飼主：王鳳珠
黑貓基本資料：

1. 黑麻糬／女生／3 歲／5.6 公斤
2. 阿雄／男生／1 歲多／5.9 公斤
3. 阿杰／男生／1 歲多／5.2 公斤

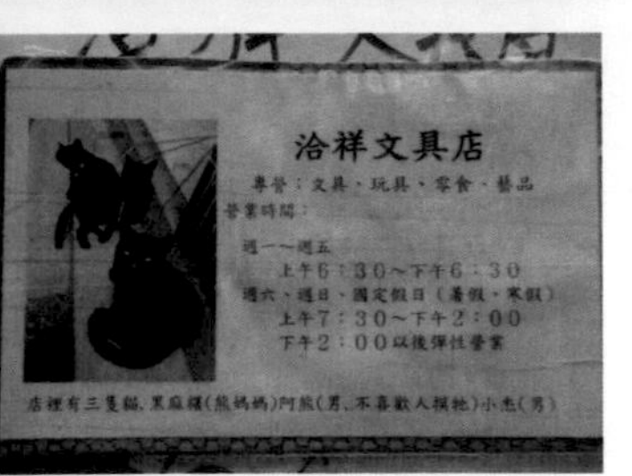

將近 3 年前，就在母貓、兄弟姐妹相繼被野狗咬死之後，未曾養過貓的文具店老闆娘終於不捨的趕緊救出「黑麻糬」，於是，「黑麻糬」順理成章的變成文具店的店貓。

因為文具店在小學附近，只要有學生想要跟黑貓玩，老闆娘就會不厭其煩的一再叮嚀小朋友們盡量不要太過於熱情，不是所有貓咪都能夠與陌生人打成一片。

由於每個學期都會有新生，老闆娘乾脆在門口張貼「黑貓簡介」，藉此昭告天下！

漸漸的，大家進入店裡面都會特別的小心謹慎，連怕貓的小朋友也喜歡到文具店跟黑貓們玩。

由於店面為開放式的關係，剛開始並沒有刻意的限制黑麻糬進出，還來不及結紮就懷孕了！

文具店所在地區是一個傳統的老式區域，老房子難免會有老鼠，所以，當街坊鄰居一聽到「黑麻糬」生了 3 隻小黑，爭先恐後的搶著領養，原因只有一個，那就是「黑麻糬」抓老鼠的功力遠近馳名，牠的後代肯定不惶多讓！

「黑麻糬」真是黑貓界之光啊！

老闆娘原本打算全數送養，最後還是只送養了 1 隻、留下 2 隻陪母貓，黑麻糬也在坐完月子後迅速的完成結紮。

老闆曾經「飄撇」過一陣子，甚至連老闆娘生產時也不在身邊，老闆娘是標準的臺灣女性，無怨無悔、樸實又堅強。如今，夫妻倆守住一間小店，鶼鰈情深，讓人好羨慕啊！

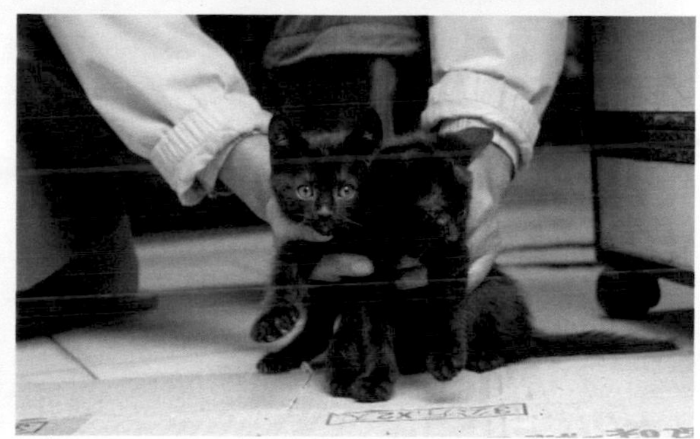

編後語

第 1 次拜訪老闆娘，剛好在黑麻糬生完一窩小貓後沒多久，相隔一年後，當初只想留 1 隻在黑麻糬身邊，最後只送養了 1 隻！

純樸的老闆娘給我最大的印象就是「始終如一」，不僅僅是她對家庭的付出，我觀察到她在與黑貓們互動時，眼底下盡是一片慈愛，而且笑逐顏開，完全感受到黑麻糬、阿雄、阿杰就是她無上的至寶！

她隨身攜帶的一個小冊子，清楚的載明每隻貓的狀況，甚至如數家珍。子女都已長大、成家，現在夫妻倆放慢生活的腳步，「蹓貓」成為兩人共同的興趣！

白白 VS 衣楦：

感謝這深厚的緣分把白白帶來我身邊

地點：高雄市三民區
飼主：陳衣楦
黑貓基本資料：白白／男生／約2歲／4～5公斤

高雄心心動物醫院的獸醫會定期到當地的動物收容所上課，無意間在收容所裡發現一隻眼睛有問題的小黑貓，像這樣身體有殘缺的浪貓、又是黑貓，想要獲得一般民眾的青睞，難上加難！

動物收容所的醫療資源有限，獸醫向收容所表示，小黑貓的眼睛必須盡快治療，於是，小黑貓跟著獸醫回到了動物醫院！

原因不詳導致右眼整個塌陷，必須先摘除整個已經潰爛的眼球組織，沒多久，左眼也因為不幸感染而不得不切除！小黑貓從此失去了靈魂之窗。

衣楦的愛貓魂很早就啟蒙了，不僅養貓，也到處參與救援、奶貓、送養，是個全方位的愛貓達人。衣楦的人類屁孩在耳濡目染之下，漸漸學會老媽的本事，半夜出任務是母子倆的日常。

有一天路經心心動物醫院，原本只是順路購買貓餅乾，一眼便看見探著頭嗅來嗅去的小黑貓，忍不住問了一句「牠怎麼了？」工作人員越是描述小黑貓的遭遇，衣楦的心越是緊緊的揪在一起……

既然你已經看不見這個世界，就讓我成為你的世界
既然你的世界一片漆黑，就讓「白白」成為你貓生的印記

小黑貓白白與衣楦就這麼結下了另類母子緣。

被摘除雙眼的白白，呼吸道變窄，衣楦必須經常使用針筒吸鼻涕，也因為失去雙眼，白白的嗅覺、聽覺變得異常的敏銳，誰從牠身邊經過、誰回家了，白白可是一清二楚呢！

編後語

美麗的衣楦像顆大樹，彷彿有她在，沒有解決不了的問題！

輾轉得知有一位高齡阿伯在高雄捷運巨蛋站附近以賣畫為生，透過粉專呼籲貓友們助畫。

衣楦自告奮勇上街尋找，找到了阿伯、也洽談了幫貓友們畫畫的事之後，我們立即開始徵求照片，第一批數量雖然不多，但拋磚引玉的熱情一定可以漸漸凝聚更多的人參與。

到了約好交畫的時間，阿伯不見蹤影，衣楦說，沒關係，今天找不到、明天再去，結果，第 2 天還是沒有看到阿伯擺攤，將近 2 個星期，衣楦幾乎天天去找，原來阿伯生病了！

如果不是衣楦驚人的毅力，這任務根本無法達成！感謝衣楦身體力行的實現黑貓精神，友愛熱血忠誠。

九九 VS 沭惠 & 阿爸：

幫我帶來一個兒子 & 太黏了，可以不用養小三了

地點：中壢
飼主：王沭惠
黑貓基本資料：九九／男生／未滿 1 歲／5.5 公斤

沭惠曾經被貓咬過，自此以後對貓敬而遠之……

沭惠的先生家裡很早就有養貓了，最多的時候甚至高達 14 隻！

在先生的慫恿之下，小倆口前往中和的動物之家，原本吸引他們的是一隻虎斑，當靠近籠子想要仔細看的時候，一隻小黑貓突然從虎斑後面冒出頭來，兩人一下子就被牠嘴巴下的白色圖案給深深吸引，那天剛好是 9 月 9 日……

順利完成領養手續後，小黑貓取名為九九。

領養了九九沒多久，沭惠就懷孕了，沭惠娓娓道來即將成為人母的感受……

回想這 9 個月來，懷孕真的是一種很奇妙的感覺，從初期的孕吐、中期的心情起伏、一直到後期的期待，隨時處在自己即將成為人母的各種五味雜陳的情緒之中。

老一輩的人總説「生一個囝仔、落九枝花（意喻大量耗損精力）」不是沒道理的，因為從懷孕的那一刻就要處處提心吊膽，擔心能否順利生產、擔心孩子的健康、擔心自己的工作……就差沒擔心世界是否和平。

唯一能感到安心的時刻就是每天的胎動，母子連心的説法，應該就是這感覺了！

當然，整個孕期一點也不孤單，後期安胎的時侯有個每天陪伴在側的毛孩，心情低落的時侯扮演聽眾，每天早上一定準時叫起床吃飯，有九九的陪伴真的不孤單！

無論是否懷孕或其他任何因素，一旦選擇飼養毛小孩，就必須負起一輩子的責任，牠們的一生短暫，沒有權力選擇自己的生活，唯一能做的就是相信自己的飼主。

有一天，在公園看到了一位身障朋友遛著他的毛小孩，那畫面至今難忘。

毛孩沒有因為你的身分或身體殘缺就就影響牠對飼主的信任……怎能因為懷孕或任何藉口就棄養或替牠換主人呢？支持認養代替購買，唾棄任何因素的棄養！

編後語

8 月初看到沭惠分享大肚子上躺著一隻黑貓的照片時，我就馬上聯絡沭惠是否願意接受採訪，孕婦與黑貓的結合實在是千載難逢的機會！

當我們聊及預產期時，沭惠說可能是 8 月底或 9 月初，親朋好友都在押會不會剛好也是 9 月 9 日？

我一聽不妙，非得要盡快安排採訪不行，小 baby 隨時都有可能會蹦出來……

果然，就在完成採訪拍照後沒多久，九九就當哥哥了！

沭惠也爽快的答應讓我拍攝小 baby 與黑貓九九的合照，實在是太期待了！

甭甭 VS 蕙瑩＆宏裕：

沒有什麼能比你輕輕依偎在我們身旁的重量，更能喚醒每一個美好的曦晨

地點：新北市板橋區
飼主：蕙瑩＆宏裕
黑貓基本資料：甭甭／男生／5 歲多／約 6 ～ 7 公斤

蕙瑩與宏裕在巴黎相識、相戀，愛情也修成正果，成為夫妻。幸福的愛情更需要生活潤滑劑，夫妻兩人開始認真地思考家庭的新成員。

宏裕一直是愛狗人士，蕙瑩則有過敏的困擾……

有一天，蕙瑩在工作地點附近的動物收容所布告欄看到一張相當夢幻的照片，送養文裡面的黑貓名字為 POGBA（博格巴，法國職業足球員）。

夫妻兩人決定一起去看貓。噢買尬！本尊比照片可愛 300 倍！

當時的 POGBA 立即跟宏裕玩在一起，過了一會放回籠子後，POGBA 咕嚕的打呼、雙眼冷靜地直盯著夫妻倆。

工作人員：「你們要領養嗎？」

夫妻倆異口同聲：「要！」

小黑貓被取名為 BONBON 甭甭。

根據後來的了解，原來甭甭是遠從法屬殖民地，北美洲的「瓜地洛普」被救援人員送來巴黎……這是甭甭第一次的飛行，距離 7000 公里，航程約 6 ～ 7 小時。

2015 年，歐洲面臨著二戰以來最嚴重的難民潮，整個社會氛圍排擠所有外國人，巴黎逐漸失去當年的包容度，蕙瑩＆宏裕決定帶著黑貓甭甭離開生活超過 10 年、宛如第二個故鄉的巴黎。

能夠寄送的家當全都先處理了，剩下的除了隨身行李之外，還有獨一無二的甭甭！

當蕙瑩簽妥切結書、把甭甭放入運輸籠的當下，淚水瞬間潰堤……

儘管事先已經了解運送過程，甭甭也服用了獸醫提供的鎮靜劑，母性仍然讓蕙瑩不知所措，只能任由自己被淚水淹沒！

長榮地勤人員的服務精神可能被蕙瑩的淚水給激發了，起飛前幾乎全程拍照回報！

蕙瑩＆宏裕、甭甭，兩人一貓的國際大遷移，終於在歷經忐忑不安的長途飛行後回到了臺灣……這是甭甭第一次的飛行，距離超過 9000 公里，航程 13 個小時以上。

由於臺灣被列為狂犬病疫區，無論進出任何國家地區，所有動物都必須檢疫隔離，甭甭也被安排在臺北市區內的臺大收容所依法隔離三個星期。

2014 年 1 月 1 日出生的甭甭，3 件事蹟證實牠的不凡

1. 歐洲浪貓卻欽點亞洲人蕙瑩＆宏裕成為自己的家人。
2. 有一天，宏裕下班回到家，發現家裡遭小偷，第一個念頭就是先找甭甭！雖然很快就找到，卻久久不肯出來，肯定是嚇壞了。隔天警察來現場查證時，只見甭甭對著警察喵個不停，這也難怪，甭甭是唯一的現場目擊者，牠當然要據實以報，搞得警察伯伯忍不住想要帶甭甭回警局偵訊。
3. 離開巴黎當天，好友自告奮勇送行，上車沒多久之後，安靜坐在後座的甭甭卻突然發出了一聲牛叫聲「哞……」眾人只覺得好笑，不疑有他。下一刻，車子拋錨了！

編後語

抵達蕙瑩家時，首先迎接我的不是主人，而是甭甭，真是痛快啊！

蕙瑩是打擊樂音樂老師，也在家開班授徒，學生上課時，甭甭負責娛樂家長。希望甭甭繼續賣萌，間接影響家長也成為黑貓飼主。

黑貓們 VS Ziv Liu：

心靈的輔導師

地點：馬祖南竿
飼主：Ziv Liu（以下簡稱Z）
黑貓基本資料：
1. MEI／女生／約 2 歲／5.4 公斤
2. 麻糬／男生／2 歲／6 公斤
3. 哈比／女生／2～3 個月／約 1 公斤

Z 在板橋動物之家看到 MEI 的照片時，一時驚為天人，MEI 下巴的白色區塊宛如驚嘆號，實在太特別了，迫不及待想去見本尊，一大早就趕去，人家門都還沒開呢！

MEI 像個管家婆，Z 只要出門，必定要跟 MEI 說一聲。有一次，Z 心想只是出去一下子，就忽略了向 MEI 報備！

結果，過了 3～4 個小時才回來，不得了，被 MEI 的喵喵聲唸了好久、好久，彷彿一世紀那麼久！

臉書社團一則送養文吸引 Z 老婆的注意，中和一位家住一樓的飼主門口突然出現一個紙袋，裡面有 3～4 隻小貓，可能是附近鄰居知道他家有貓，於是被迫負起「連帶責任」。

但家裡已經很多隻貓了，加上新婚老婆已經懷孕，於是貼文送養。

剛好 Z 當時也住在中和，就近之便，領養其中一隻黑貓、取名叫做麻糬，小名「吉吉」。

10 幾隻待送養的小貓全都成功送養了，唯獨只留下哈比。原因無他，哈比無敵的撒嬌功力完全收服了 Z！

隨性慣了的 Z，連取名字也不想費力，隨便喊幾個名稱，看本尊對哪一個有反應再做決定，最後取名 HAPPY（哈比）。

2018 年 2 月，厭倦城市的紛擾，舉家遷往妻子的故鄉——馬祖南竿。

在機場等候檢疫時，地勤人員問Z:「申請同行的貓呢？」

「在外出籠裡啊。」

「沒看到啊……」因為牠們是黑色！

由於多數人未曾見過黑貓，一群旅客圍在籠子邊交頭接耳的，頓時，在松山機場引起不小的騷動！

Z從小就對黑貓特別有好感，只因為獨特……然而，獨特的並非只有黑貓。

爸爸是印尼人、媽媽是臺灣人，臺印混血的結果就是讓Z從小飽受異樣眼光。

Z的童年在永和眷村度過那個時代，霸凌是被默許的、甚至沒有模糊空間。亞洲混血，被視同雜種，歐洲混血，被視同優化基因！

在本地被欺負就算了，回印尼竟然更慘。親戚的小孩拿小石頭丟Z，不願逆來順受的Z以牙還牙，拿更大的石頭丟回去。背負著原罪的小孩，就這樣一次又一次在扭曲的世界裡受到懲罰……

上帝為你關閉一扇門，必會為你開啟另一扇窗

老天爺給了Z一輩子受用無窮的天賦！Z喜歡塗鴉亂畫，卻沒人當作一回事，只有小學老師看出Z不同凡響的美術技巧，暗地裡把Z的作品送去參加中華郵政以十二生肖為題目的美術比賽，參賽者不是畫龍、就是畫虎，Z因為生肖屬蛇、選擇畫蛇，一舉入選佳作，從此開啟Z另一扇差一點被遺忘的窗！

還記得二年級的時候，老師說Z的作品已經入圍全亞洲資優生的畫展、而且晉級！

Z開心的跟著媽媽、還有其他家長一起到會場，一群人在一樓逐一欣賞其他入圍的各國兒童的作品時，唯獨不見Z的……

當大家陷入一片鴉雀無聲的窘境之際，突然響起「在這裡……」原來，Z的作品被安排在樓上的特別區！

Z鼓起勇氣望向母親，只見她紅了眼眶！

不愛念書、無師自通的美術天分，讓Z歷經很長一段期間的撞牆期！

因緣際會下，接觸到官將首傳統文化中、最重要的一個環節「面譜彩繪」而激盪出火花。色彩鮮艷、變化萬千，從平面的紙張、到立體的臉部，Z的技巧已達新莊地藏庵聘請之面師的純熟水準了！

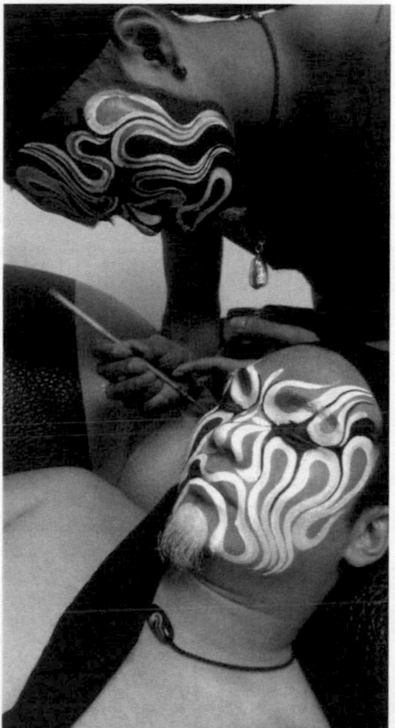

編後語

雖然老天爺給了 Z 不同於一般人的輪廓與膚色，但也賜予了 Z 異於常人的美術天分，期許 Z 不斷的突破、讓自己達到顛峰，而且要永遠在浪頭上……

即將升格成為人父的 Z，除了給予祝福，希望為人類小孩取名字的時候不要比照黑貓模式。

特別感謝 Z 配合我完成 999 隻黑貓故事第一階段 99 隻、同時破百的記錄，能夠在離島實現，意義特別深遠！

黑妞 VS 黃譯模：

牠是一隻只有在和我獨處時才會放得自在的害羞女孩！

地點：高雄市苓雅區
飼主：黃譯模
黑貓基本資料：黑妞／約4歲／女生／4公斤

完全沒有任何飼養家貓經驗，甚至對貓沒有特別好感的黃譯模，有一天，好朋友突然來電表示因為搬家的關係，不能再繼續餵養已經有一段時日、位於苓雅區附近的浪貓而感到非常憂心！

話說到一半，好友突然問他，要不要接手他的「管區」！

不忍好友牽掛，只好臨危受命，黃譯模從此開始成為浪貓餵養人，至今已經 2 年多了。

根據了解，附近原本有棟 3 ～ 4 層樓高的空屋，住了好幾隻浪貓，直到房子拆了，好多貓都不見了，只剩下一黑一橘。

因工作地點不遠，非常盡責的譯模，一天照 3 餐餵，而且一定是乾糧、罐罐＋些許貓草！

黃譯模說：從被動的接觸浪貓之後，到逐漸的投入感情，尤其是每次看到黑妞，就會莫名的感到開心；看著黑妞大口吃自己準備的食物，工作一天的辛勞都被撫慰了。

其實，浪貓黑妞是幸福的，除了黃譯模之外，還有和藹可親的鄰居阿姨也會幫忙照顧、關心，如有任何異狀，都會馬上通知譯模。

黑妞身邊還有一隻叫做阿橘的大橘貓當玩伴。

浪貓阿橘經常生病，有時支氣管發炎、有時眼睛發炎或是皮膚病。被強大的黑色基因保護的黑妞，相對的健康！

去年，凱旋路附近發生浪貓被車撞的事故，雖然很幸運的被一對夫妻拯救，但卻因為醫療費用太貴，打算轉送到收容所，鄰居要他們去詢問里長該如何通報收容所。

里長知道譯模喜歡貓，不假思索的先打電話問譯模如何處理。

譯模很清楚，如果把貓送到收容所也只是等待死亡，既然找到自己這邊來，表示跟這隻貓有緣，那就延續這緣分吧！

貓在凱旋路因車禍而九死一生，那就叫牠：凱旋～

臨危受命的接管浪貓、又臨危受命的接管傷貓，愛貓魂終究會發揚光大的！

編後語

黃譯模餵養的浪貓不只黑妞，另外還有 3 隻，分別是阿橘、膽小鬼、小豆子，他和這 4 隻浪貓相處的模式與你我並無不同，生病了會帶去看獸醫、回家第一件事就是餵貓，平時有空就會陪牠們玩。

然而，不到 30 歲的陽光型暖男黃譯模，不只是餵養浪貓，他甚至還會仔細觀察牠們的外表與活動力，藉此判斷是否健康或感染疾病等等，細心之處，令人感佩。

敲敲 VS 黃強尼：

由衷感恩心愛的狗狗強尼選擇黑貓敲敲投胎轉世回來，彌補心靈缺憾，果然幸福來敲門

地點：高雄市左營區
飼主：黃強尼
黑貓基本資料：敲敲／女生／3.5 歲／6.5 公斤

大約是 4 年前的某個颱風夜，強尼一位平時擔任中途之家的好友，在高雄澄清湖附近發現一隻約莫出生才 1 ～ 2 個月的小黑貓，二話不說先帶回去再說。

事後，好友向強尼透露自己剛帶回一隻可愛的小黑貓，強尼並沒有太大的反應，因為當時仍深陷在 10 年的愛狗（因為太愛牠了，所以連名字也取強尼）蒙主寵召的悲傷情緒之中，而且家裡已經有一隻貓了。

也不知有意或無意，好友傳來小黑貓的各種照片，強尼心頭一驚，有種莫名、卻又熟悉的悸動，只知道必須盡快見上一面才能確定……

強尼對初次見面的回憶仍清晰、鮮明！

儘管那瞬間隱隱有種熟悉、又不太確定的感覺，同時有個堅定的聲音在心中不斷響起，絕不能錯過牠……

小黑貓敲敲，身體好小好小的一隻黑貓，卻不費吹灰之力就占據了強尼整個靈魂！

之前那種熟悉、卻又不太確定的感覺，在敲敲成為家人沒多久之後便證實了，無論是習慣或行為模式、眼神、撒嬌的動作等等，敲敲完全重現已經是小天使的愛狗強尼！

朝夕相處長達 10 年的愛狗「強尼」回來了，真的投胎轉世回來了……

於是，敲敲被當成狗養，不但沒有適應上的問題，甚至堂而皇之成為家中的老大，想吃、卻又不能如願的時候，家裡就開始刮 15 級陣風……不達目的絕不終止！

想當然爾，噸位直線攀升！

編後語

這是一個簡單、快樂的黑貓家庭，男主人強尼、女主人茉莉，各擁一貓寵愛！

黃強尼＋敲敲＝好一對父女檔。

奇奇 VS 許佳茵＆謝銘斌：

雖然是我們收養了牠，卻是奇奇給了我們一個家

地點：臺南市安平區
飼主：許佳茵＋莊銘斌
黑貓基本資料：奇奇／1歲多／男生／6公斤

許佳茵第一隻飼養的貓是橘貓，在路上發現的。

因媽媽體質過敏，家裡不准養貓，許佳茵本想照顧一段時間後就安排送養，沒想到，一試成主顧，深深為貓咪著迷，捨不得轉送給他人，從此成為貓奴。

許佳茵餵食浪貓的經驗已有2年多，都是在固定地點餵食住家附近的浪貓。

有一天，在同一地點發現一隻陌生的小黑貓；身上好像有傷痕，可能是因為打架而受傷，不救牠的話，很難獨自在街上存活。

因「橘貓革命」險勝，在家已經變成弱勢的許佳茵，鼓起勇氣一再向家人保證，只是先照顧小黑貓，等到傷勢恢復後，馬上安排送養……

休養期間，小黑貓奇奇相當親人，許佳茵根本無招架之力，隨著時間的經過、憐惜之情越是與日俱增。

愛妻的鋼鐵老爸說話了：「不准養，馬上送走！」

不得已，當晚便送到未婚夫家……

奇奇懂得如何察言觀色，個性穩定，卻又異常的撒嬌，叫聲超級娘；最會兇獸醫，對陌生人的防衛心強烈，一有狀況，就會跳出來，像個救世主的保護全家人。

編後語

採訪當時，美麗的許佳茵即將嫁作人婦，和未婚夫兩人在同一家室內設計公司工作，新娘在設計部門、新郎在木工部門，絕佳的組合，不是嗎？

不免俗氣的問了一個問題，「將來生小孩，兩邊的長輩會不會對貓有意見？」

許佳茵很篤定的回答：「那就不要生啊！」

莊銘斌是許佳茵最溫暖的後盾，從相識到攜手步入禮堂，二隻三花、一隻黑貓、一隻橘貓，共同築起的Network，讓二個人更懂得如何珍惜彼此。

島油 VS 吳靜旻：

陪我在臺南打拼的戰友

地點：臺南市永康區
飼主：吳靜旻
黑貓基本資料：島油／男生／約 1 歲多／ 6 公斤

名字取「島油」的緣故，應該不用多作解釋吧！

靜旻 4 年前考上南臺科技大學，獨自一人離開新竹，前往臺南就讀。剛開始課業繁重，加上嶄新的大學生活，多少減輕了離家的鄉愁。

逐漸適應大學生活後，靜旻也和所有離鄉背井的遊子一樣，夜深人靜時刻難免落寞。

由於老家新竹有養一隻黑貓，靜旻心想與其在外尋歡作樂，不如養一隻貓陪伴。

於是開始注意網路上的送養文，靜旻的心意篤定、目標明確，就是要黑貓！

經過 4 個多月，發現一篇送養文，黑貓島油被人用紙箱丟在路邊，吳靜旻看到那張照片的當下，便決定領養……

可能是受到被丟棄的影響，島油剛開始很兇，靜旻也被牠抓得到處都是傷，連睡覺都要包得緊緊，以免被偷襲！

靜旻當時難免有點後悔，怎麼跟想像中都不太一樣，小貓不是都很溫馴嗎？

第一年的寒假長達一個月，靜旻帶著島油一起回老家。

原本有點擔心與老家黑貓的相處會不會不合，沒想到哥倆好，老貓穩定、包容的個性，潛移默化之中似乎影響了島油，島油的個性逐漸的也變溫和了，長達半年痛苦的磨合期因為黑貓長老終於結束了！

雖然吳靜旻是島油的飼主，其他 5 位室友就像乾媽乾爸一般的疼愛島油，所以，島油完全不怕陌生人。只要外出時間久一點，害怕孤單的島油就會主動去找乾媽乾爸們，大家也樂於扮演「褓姆」的角色！

人生中的第一隻黑貓島油只認得吳靜旻的摩托車聲音，當車子快靠近家門時，就會聽到島油的叫聲了！

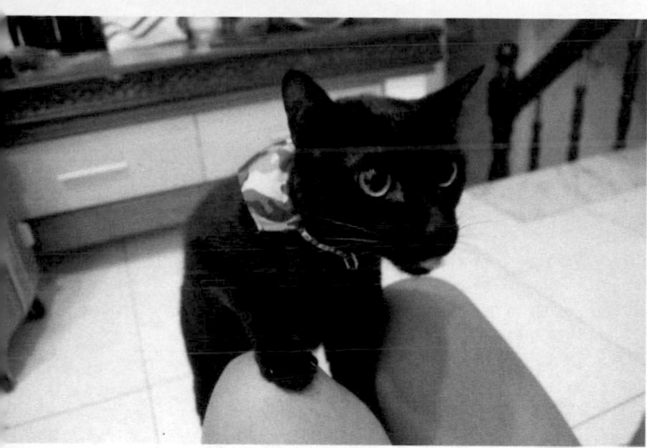

編後語

多數年輕人飼養寵物不外乎為了拍照上傳引起注意或是一時興起，吳靜旻自始至終篤定飼養黑貓，算是標準的黑貓控。與島油的磨合期長達半年，別說 20 幾歲年輕人，一般愛貓人士恐怕也很難熬得過，吳靜旻堅定的個性，將來在職場上的表現勢必發光發熱。

歐喵 VS 柯美如：
掌心上的一顆黑珍珠

地點：臺南市永康區
飼主：柯美如
黑貓基本資料：歐喵／男生／10 歲／6 公斤

有一天，一隻突如其來的小黑貓自己走進美如家裡經營的早餐店，躲了整整三天！

老爸問，怎麼辦？美如靠近一看，哇！怎麼這麼黑啊！

此時剛好有人拿著棍子經過，小黑貓機警的躲了起來，等到路人走了之後，竟然自己走過來撒嬌，美如當下俯首稱臣，歐喵成了柯美如人生裡的第一隻貓。

儘管打定主意要飼養歐喵，頑固的老爸卻堅決的反對，美如決定「低調的」長期抗戰……

所謂日久生情，歐喵漸漸成為家裡不可欠缺的一份子，甚至是親情的潤滑劑！

美如清楚記得有一次和弟弟吵架，歐喵堅定地站在中間，還伸出毛毛手、大聲的叫喊，狀似阻止姐弟倆不要再吵架了～

最初堅決反對養貓的老爸也在潛移默化之下成為歐喵的阿公，經常跟歐喵玩到忘我，甚至不慎被抓傷，也不敢抱怨，默默地自我包紮！

老爸在去年過世了，全家籠罩著悲傷的低氣壓！

歐喵感覺有異，既沒辦法、也不知道如何開口問，那個經常抱著自己玩、有著厚實肩膀的大家長這幾天哪裡去了？

只好咬著美如老爸的皮夾走到美如面前，用力蹬著雙眼，示意「阿公呢？」

頭七前 2 天，好端端的歐喵突然衝到廚房門口，定格了好幾分鐘，緊盯著廚房。眾人驚覺是爸爸回來了，歐喵好似也在那當下才知道最愛的阿公已經永遠離開牠了！

家裡辦法會時，美如媽媽傷心欲絕，歐喵依偎在一旁，默默伸出牠的毛毛手，撫摸著老太太的臉，靜靜地給予安慰！

編後語

拍照當天，老大哥歐喵竟然大怯場、躲起來！還好柯美如也是攝影玩家，只好把相機交給她自己處理。歐喵雖已屆高齡，卻完全沒有老態，絕對是黑貓長者潛力股！

Knight 小騎士 VS KEIKO：
騎士與公主

地點：臺南市東區
飼主：KEIKO
黑貓基本資料：Knight 騎士／男生／6 歲／4 公斤

黑　是一種力量
既能覆水　也能載舟

一個才小學五年級的小女生就得面對父母離異、雙方搶著要弟弟、卻不要 KEIKO 的邊緣生活！

為了養活自己，必須謊報年齡才能求得打工、生存的機會。

似懂非懂之中，「所謂的親人」一一離去……

闇黑的渾沌把 KEIKO 推向痛苦的深淵、人性醜陋的最底層！

KEIKO 的世界澈底被黑色給淹沒了！

一無所有的 KEIKO，沒有時間自怨自艾，必須想辦法生存下去，唯有生存下來，才能找出自己存在的意義。

一個不知何時成形的意念，一個不能再等待的當下，就在 KEIKO 走進收容所的那一天，不經意的抱起了一隻小黑貓，又輕輕的把牠放下的瞬間，小黑貓用力的喊叫嘶吼，彷彿彼此的分離會讓整個宇宙分崩離析……

就這麼毫無抵抗的，KEIKO 的眼裡、心裡，滿滿都是 Knight 小騎士，Knight 小騎士揮舞著寶劍，無比堅定的向 KEIKO 走來……

黑　終究
帶來了反撲的力量

從事夜店唱跳表演工作的 KEIKO，日夜生活顛倒，未曾在乎過健康這檔事，在 Knight 漸漸成為生活的重心之後，開始認真的思考，如果自己倒了，誰來照顧你？

雖然 Knight 擁有黑惡魔般的破壞力，Knight 的黏人、

撒嬌，一再激發 KEIKO 潛藏、卻又那麼本能的母性。

最初是你靠在我的肩膀上，漸漸的，變成是我依偎著你……

雖然是我為你打造了一個家，卻是你為我建立了城堡。

在日子陷入困境之際，有人邀約至對岸工作，當 KEIKO 不假思索的回絕，才驚覺，原來彼此之間早已是不可分的生命共同體！

小王子 Knight 小騎士　不離不棄　是我對你們最忠貞的宣言。

編後語

每一隻貓都是啣著使命來到你我的身邊，讓我們一起用黑色的力量感動世界每一個角落！

少少 VS 靜靜：

尿尿神童

地點：臺南市
飼主：靜靜
黑貓基本資料：少少／男生／約 4 歲／ 5.7 公斤

大約在 4 年前，不知道是誰把出生才 2 個多月的小黑貓少少，送到了臺南善化收容所，這裡絕大多數都是狗狗，可想見小黑貓當時有多驚恐！

所幸，沒多久來了一位漂亮的大姐姐，三兩下就把少少給領了出來，直接轉入中途之家「Catail 毛尾巴」，安排送養。然而，送養過程並不順利，儘管超級撒嬌又人見人愛，就是沒人要帶走……

靜靜輾轉得知中途之家——毛尾巴有一隻可愛的貓咪要送養，趕緊前往會面。喜歡小動物的靜靜第一眼就愛上了少少，於是，少少在充滿感恩的聖誕節夜晚來到了周家的大宅院，成為靜靜的第一隻黑貓！

其實靜靜的爸爸媽媽一開始並不喜歡貓，無奈女兒靜靜是個標準的貓奴，在黑貓少少之前，已相繼領養 2 隻貓咪。

日子久了，在愛屋及烏之下，也變成貓爺爺、貓奶奶了，開始關注外面的浪貓，甚至出門都會隨身攜帶貓糧；家門對面的一塊空地就有 4 隻黑貓，也是由爺爺奶奶固定餵食。

少少的奶奶有一次突然感到暈眩而昏倒，因房子太大了，爺爺在客廳沒有察覺，虎斑貓趴趴老大第一時間便感到異樣，迅速飛奔至奶奶身邊，不斷的舔奶奶的手……還好，虛驚一場。

擁有狗靈魂的尿尿神童

少少是個「有吃萬事足」的黑貓，每天早上比鬧鐘還準時的喵喵叫，就是吵著要罐罐！會和人玩猜猜左右手哪一邊有點心，還有你丟（點心）我撿（吃）的遊戲；更愛討拍拍，屁股總是翹得半天高！

可能因為還有其他 2 隻貓，為了爭寵，少少喜歡亂尿尿，而且還用噴的，牠的通天本領就是在房間時無處不尿！

睡夢中，偶有暖流竄過髮間或著被子突感溼冷……床縫、電腦、牆壁、紙箱、衣櫥、書櫃等等，都是少少練「尿尿神功」的對象，真不愧是「史上第一尿尿神童」！

編後語

周家的大宅院除了少少之外，還有 2 隻隨便怎麼拍、絕無死角的美貓，再加一隻碩壯無比的大黑狗！

Gaby VS Celine：

神的恩賜、神的小孩

地點：新北市新莊區
飼主：Celine
黑貓基本資料：Gaby／男生／8歲／5公斤

朋友的姑姑同時撿到2隻貓，剛好一黑一白。朋友曾經聽說 Celine 想要養隻貓，但 Celine 擺明不想要黑貓。

朋友說，姑姑掛保證，這隻小黑貓像布偶一般的可愛！

果不其然，Celine 第一眼就愛上 Gaby 了。

Gaby 的語源來自希伯來語的 Gabriel，各種含意包括上帝派來的使者、上帝是我的力量、大天使或是天使長。

Gaby 無疑是上帝為Celine 派來的小天使

Gaby 是 Celine 的第一隻貓，也是唯一的一隻。個性膽小的 Gaby，卻非常非常的撒嬌。

Celine 毫無養貓經驗，對於應該預先採取什麼樣的防範措施也沒有概念。

剛領養沒多久，有一天帶出去散步，說時遲、那時快，Gaby 突然掙脫、一下子就跳開了！

Celine 一時反應不過來、心臟頓停了幾秒鐘，等到回過神來，Gaby 早已不知去向！

Celine 緊張的狂哭，找了二個多小時後，在一個車子底下發現一隻野貓，淚流滿面的 Celine 與那隻野貓對望了一下，那一剎那間，一人一貓彷彿心靈相會、彼此交換訊息……

牠知道她的慌張，她相信牠的力量。在那隻野貓的指引下，順利找到 Gaby 了！

編後語

某日陪同客戶至建國北路辦事時，經過某咖啡廳，因外面實在太熱了，大家提議喝杯咖啡休息一下，一群人不假思索的走進店裡，瞬間被牆壁上幾張貓咪照片吸引住的我，馬上詢問店員，黑貓是誰的，店員回説是店長的，但店長不在，於是，留下名片，等候店長的聯絡。這一等，就是 2 個月……由於印象太深刻了，不願輕易放棄，於是，再次登門拜訪，店長又剛好不在，只好厚著臉皮要電話，店員可能被我的真誠打動，終於聯絡上店長 Celine。但 Celine 正在進修上課，比較忙，委婉的拒絕了我。黑貓相貌這麼有特色，我相信牠的飼主一定也很特別，只要有心，堅持、鍥而不捨，一定可以精誠所至，金石為開。

麻吉 VS 宜璇：

多了一個弟弟

地點：宜蘭縣礁溪鄉
飼主：連宜璇
黑貓基本資料：麻吉／2歲多／男生／7～8公斤

2年多前，礁溪國小六年級的宜璇在畢業旅行前夕看到學校張貼「小貓待領養」的公告。忍不住好奇到現場觀看，共有4隻，全都是黑中帶灰的小黑貓，其中有3隻緊緊依偎在一起，卻另有1隻單獨窩在旁邊……

惻隱之心　仁之端也

一股惻隱之心激發宜璇鼓起勇氣打電話給爸爸：「我可以領養嗎？」

雖然老爸當場答應，老媽卻很反對：「如果要領養，你要負責喔。」

當然，一定負責到底。

去年有一天，不知道是誰沒把門關緊，沒人注意到麻吉跑了出去。過了一會兒，大家以為麻吉躲起來，整棟房子被澈底的搜索過好幾遍，就是找不到麻吉。

全家人這才意識到麻吉可能跑出去了，宜璇衝出門去，張大雙眼的搜尋，就怕遺漏任何一個麻吉可能藏身之處。

儘管慌張、著急，但在宜璇心底深處，深信麻吉一定會找到回家的路。將近12小時的驚魂記，在凌晨的一陣貓叫聲中驚險落幕。

宜璇的爺爺英年早逝，奶奶靠著好手藝，在礁溪經營「大碗公牛肉麵」，一手帶大3個小孩，如今已三代同堂。

奶奶雙手早已布滿歲月滄桑的痕跡，爽朗的笑聲與親切的笑容，贏得街坊鄰居、饕客們的信賴。下次到礁溪遊玩，別忘了來一碗湯頭濃郁、牛肉有夠大塊的「大碗公牛肉麵」。

編後語

其實報名參加的是宜璇的爸爸，可能是我忘記提醒，宜璇並未穿著白色上衣。「宜璇，為了突顯黑貓，能否把上衣換成白色？」宜璇說好啊，沒問題。不一會兒功夫，有個充滿稚氣、卻又朝氣蓬勃的聲音從背後響起：「我換好了！」

你誰啊，沒人要你換啊……

臉上掛著一副大眼鏡、笑容燦爛到連太陽公公都遜色的小男生，原來是宜璇的弟弟，任誰都會對這種小暖男毫無招架之力！

從頭到尾都在刷存在感的小暖男，無縫接軌的成為黑貓麻吉的最佳綠葉！

這一天，我與小朋友們玩得好開心啊！

宜璇家門口是一大片綠油油的稻田，正值插秧播種時期，只見稻苗被一車一車的載至稻田裡，一種對自然孕育大地的敬意油然而生。

木炭 & 雪餅 VS 洪淑琴：
讓我圓了一個緣

地點：嘉義市東區
飼主：洪淑琴
黑貓基本資料：
1. 木炭／女生／3 歲多／4.8 公斤
2. 雪餅／女生／3 歲多／5.4 公斤

3 年多前的雙十國慶日，淑琴打開家後門時，看到地上一坨黑，乍看之下以為是一根木炭，靠近仔細一瞧，竟然是一隻臍帶還沒斷、眼還沒開的小黑貓。或許是天生的母愛使然，淑琴直覺應該不只一隻，趕緊外出尋找。

果然，就在附近的花圃發現了第2隻小貓，慌亂之中，隨手拿了一個原本是裝雪餅米果的袋子，兩三下就把小黑貓給提了回去！

後續得知，原來是一隻媽貓咪生了 4 黑 1 虎斑，母貓自己送到家後門，欽點淑琴接手照顧！

個性耿直的淑琴，於是把第一隻取名為木炭，第二隻就叫雪餅。在這之前，養貓這件事對淑琴來說，根本想都沒想過。更沒想到，無心的起點，為淑琴開啟救援、送養的不歸路。

在先生全力的支持下，短短不到 3 年，素人淑琴已經是一位專業的愛媽、中途之家！

凡事認真的淑琴，對於學習如何奶貓這件事不敢掉以輕心，到處虛心討教；平時廣結善緣的淑琴，還驚動嘉義市動物守護協會主動派專員來指導。

可能是因為臍帶受到感染，小黑貓體弱多病，天氣一變就感冒，一吐就電離子失衡。因此，為了更了解貓，淑琴命令女兒去動物醫院臥底偷學了半年，女兒本身是醫學檢驗系，雖然母命難違，自己也逐漸從中學習到樂趣。終究，這一家為了貓，全體總動員！

不僅全家總動員，每當決定救援後，淑琴總會鉅細靡遺的記錄所有過程；從救援後的基本檢查開始，體內外都要除蟲、三合一篩檢、打疫苗（3 劑），一直到結紮、送養等等，這一切全部自費，而親自家訪更是必定要的環節，一直到後續的植晶片，淑琴一家人提供一條龍的送養服務！

編後語

有 3 個人類小孩的淑琴，虎媽個性鮮明，夫妻兩人胼手胝足，子女們皆培養進入名校就讀。兒女終究有自己的一片天，好強的淑琴在兒女一一高飛後難免失落，所以木炭、雪餅其實來得正是時候！

2 隻雙十寶寶連同另外 3 隻貓＋外面餵養 5 隻＝十全十美！

白白 VS 陳嘉斐：

顛覆對黑貓傳統的印象

地點：宜蘭縣羅東鎮
飼主：陳嘉斐
黑貓基本資料：白白／男生／約 2 歲多／約 5 公斤

養貓資歷 7 年的嘉斐希望有更多時間陪伴愛貓，索性在家鄉羅東經營貓咖啡店「貓咖飛」！

身材清瘦、高挑的嘉斐，說話慢條斯理，個性冷靜，所以她給自己設限，最多不超過 10 隻。於是，她偶爾會關注一些團體的送養文。其實白白的訊息在之前就注意到了，當地愛媽貼出的送養文已有一段時期了，嘉斐沒想太多、也不用多想，黑貓本來就很難送！

真正的貓奴沒有顏色的迷思

結果，沒想到麒麟尾的白白非常親人，個性溫和、撒嬌，最喜歡鑽進棉被裡，嘉斐早上醒來，一定看得到白白在床頭，嘉斐每每有種如獲至寶的喜悅！

黑貓白白是嘉斐的第 1 隻黑貓，既然是貓咖啡廳裡的店貓，理所當然完全不怕陌生人，應該說，什麼是陌生人啊！

白白是嘉斐的第 7 隻貓，這個大家庭的成員如下：虎斑 2 隻、三花 1 隻、橘白貓 2 隻、純橘 1 隻、黑白 1 隻、棕色 1 隻。

其實嘉斐還有第 2 隻小黑貓毛毛，接手毛毛是個意外，毛毛的媽媽本來是安排要結紮的，命運的捉弄，母貓不幸被狗咬死，毛毛僥倖存活下來。

只有 3 ～ 4 個月大的毛毛，或許擺脫不掉陰影，防備心相當強，與嘉斐之間也很少互動，嘉斐也沒有太多苛求，只願給牠一個遮風避雨的家！

我也試圖想要拍攝，但只瞥見牠一眼，非常美麗的黑貓，可惜無緣入鏡！

編後語

嘉斐的第一隻貓是摺耳貓，不但雙眼失明、還體弱多病，人見人愛，卻因為突發性的腹膜炎過世，讓嘉斐不勝唏噓。無論貓狗或其他動物，對於飼主來說，最大的課題莫過於面對生離死別。儘管悲傷能夠隨著歲月的流逝而撫平，美好的回憶永遠都在！

MORU & Q屁 VS 張婉琳：

養了Q屁就像提早生了個小孩一樣

地點：嘉義東區
飼主：張婉琳
黑貓基本資料：
MORU／女生／7歲多／3～4公斤
Q屁／女生／2.5歲／3～4公斤

願意承擔責任的人　未來發展指日可待

老家在高雄，採訪當時就讀國立嘉義大學生物農業科技學系4年級的張婉琳，在超級愛貓的同學兼室友的啟蒙之下，脫離住宿生活後的2015年8月1日，一起去嘉義市收容所認養了一隻成年母貓MORU（取自日文守護MAMORU）。

沒想到帶回家後MORU竟然早已懷孕，不久後，在同一年的9月17日生下5黑1賓士，所幸全部都順利送養了，最後只剩下Q屁。

婉琳心想，即將畢業了，之後各自高飛，自己也想要擁有一隻貓，於是留下大家不要的Q屁！

在想名字的時候，一直在組合英文字母，最後因為發錯音，拼出QP（Q屁），覺得既響亮、又好記，當下拍板定案！Q屁成為婉琳人生的第一隻貓。

婉琳表示，Q屁做錯事情會責備牠，但過一下子又會心疼的抱抱牠。一直在思考該用哪種方式來教牠才是對的；餵Q屁吃飯時，偶爾也會準備牠喜歡的大餐；Q屁想玩的時候，會暫停手邊的事情陪牠玩一下；出遠門的時候會擔心臨時褓姆有沒有把牠照顧好，而且還會想念平常覺得吵的叫聲（真的很吵，從抵達到離去，喵叫聲沒停過）。

Q屁的貓生當中只洗過一次澡，不是婉琳偷懶，而是因為第一次洗澡時不但勞師動眾，洗好後，Q屁竟然緊張到拉屎，而且噴得到處都是便便，沒洗比有洗還乾淨！從此，人有陰影，貓更有陰影。

編後語

我問婉琳唸生物農業科技學系將來可以做什麼，婉琳說，產業界或學術界，選擇性很多啊！

願意、且主動領養小動物，在我看來，這樣懂得負責的人早就贏在進入職場的起跑點上！

小黑豹 VS VIKI：

來自天花板的小寶貝

地點：新北市蘆洲區
飼主：VIKI KU
黑貓基本資料：小黑豹／女生／2.5 歲／吃不胖的 3.5 公斤

呆萌這一家的小黑豹說故事

VIKI 媽咪的朋友在「奶貓救援隊」粉絲專頁看到有人貼文，新莊中平路巷子裡有聽到喵喵聲！但不知小貓在哪？一群朋友七手八腳的一起去尋找……

結果在防火巷裡聽見不只 1 隻貓咪的叫聲，VIKI 媽咪趕緊跑到前面的店家查證後，老闆說廚房的天花板上確實有貓！

我有看到好多人輪流試著擠進來，可是縫太小了，後來又看到有人用手機伸入天花板拍照。我和哥哥、姐姐們因為害怕躲起來，所以他們根本看不到任何小貓的蹤影，他們應該只發現一具動也不動、死亡多日的貓媽媽。

VIKI 媽咪不放棄，努力地跟店家溝通、甚至激動的說，母貓的遺體不處理也不行啊，老闆終於讓步了！VIKI 媽咪與朋友打破天花板，終於把我們成功救出來了！

當天，我們都被送去給獸醫叔叔檢查、還塗藥驅蚤，可能天花板空間比較密閉，我們沒什麼跳蚤耶。媽咪後來跟我說，那時候，她只想留下小黑豹我，其他小貓準備送養！

可是，VIKI 媽咪親力親為的把屎把尿兩個月後，我們兄弟姐妹一起成功地融化了 VIKI 媽咪的心！現在，我小黑豹、哥哥小靴和姐姐小布鞋是這個家永遠的一份子囉！

被救援時，我曾經因為脱水又脱肛，一度排泄困難。但 VIKI 媽咪每天替我細心按摩，舒緩小菊花……我的小菊花終於收回去了，不然開刀後，我可能從此需要他人協助排便便呀。

這兩年媽咪陸續收養了好多隻流浪貓，但她還是最疼我唷，因為我最會撒嬌啊！

小黑豹也跟媽咪一起參與過粉專的大型活動，我可一點都不怕生唷。

VIKI 媽咪說我跟她就像好姐妹一樣，很有話聊，每天都要一起睡覺。我真的好愛媽咪！

呆萌這一家的成員原本只有：
1. 有鼻塞的賓士小靴／男生
2. 最皮的賓士小布鞋／女生
3. 皮膚最黑的小黑豹／女生

後來又陸續增加：
1. 白底虎斑 Jaguar ／男生
2. 毛澎澎胖黑貓熊熊／男生
3. 黏人撒嬌玳瑁瑞瑞／女生
4. 萌萌小橘貓橘妞／女生
5. 新進白貓泡泡／女生

編後語

美麗的 VIKI 是我的 FB 啟蒙小老師，粉專草創時期，許多的貼文技巧、回覆方式等等，如果不是 VIKI、我也不會進步這麼快。

第一次貓聚時，VIKI 既擔任櫃臺人員、又幫大家化妝，好多人都是第一次帶黑貓出門，既緊張、又興奮，但這一天，所有人都留下難忘的回憶！

Pagan VS Prish：

守護我的暖男天使

地點：臺北市大安區
飼主：Prashantha Lachanna（簡稱 Prish）
黑貓基本資料：Pagan／男生／5～6歲／4公斤

You can't have a rainbow without a little rain.

有一天晚上，Prish 做了一個夢，夢裡面有個黑貓的形體，還有一雙清澈的大眼睛⋯⋯

Prish 醒來後告訴當時的男友，這是一個鮮明的跡象，她必須找出這隻貓！

毫不疑遲的打開電腦，首先映入眼簾的便是臺灣巴克動物懷善救援協會 The PACK Sanctuary 的首頁，那裡刊登著一隻看起來像蝙蝠的小黑貓！

稍早前，牠被人發現獨自在某橋墩旁徘徊，又瘦又小，應該已經挨餓了一段期間。

Prish 的第六感告訴她，這就是她剛剛夢中的小黑貓：不同場景、卻在同一時間，牠傳遞了訊息給她⋯⋯

小黑貓 Pagan 在中途之家待了 3 個月，確定完全健康之後，被送到 Prish 的家。

但 Pagan 出現適應上的問題，整整半年，一貓一人過著相敬如賓的生活。

一直到與深愛的男友分手後，Pagan 出現 360 度的轉變，竟然主動靠近陷入悲傷情緒的 Prish，甚至非常熱情的躺在Prish的懷裡，盡其所能的賣萌⋯⋯難道黑貓善妒？

最初，Prish 不過是領養了 Pagan，萬萬沒想到，在陷入低潮的時候，自己卻被 Pagan 給救贖了！

黑貓 Pagan 的中文涵義是異教徒，很特別吧？

Prish 自己的解讀則是「appreciator and celebrator of nature」。

Prish 致力於推廣 Naked Food 的飲食生活，她設計出一種撞擊性吃法，食當季、吃在地，以不高於 45 度烹煮食材……既是主廚、又是負責人，Prish 表示自己在臺灣蛻變成完全的女人，充滿活力與自信——當然，因為她遇到了 Pagan。

編後語

Prish 是一個非常 powerful 的女子，講話簡潔有力，身兼數職的她，忙碌到一再變更採訪日期。當她為故宮博物院設計晚宴菜色，身為行政主廚的她，竟然穿著一雙破布鞋穿梭於故宮富麗的殿堂，她說，這樣比較舒服自在！

一雙大眼，彷彿可以直視人心，Prish 讓我再次深刻感受到黑貓飼主各個絕非池中物！

BB VS 姿榕：
一起放空的感覺真好

地點：臺南市南區
飼主：黃姿榕、張庭松
黑貓基本資料：BB／男生／5歲／6.5公斤

庭松當兵前在臺南工作了一段期間，當時姿榕與庭松還只是男女朋友。

因朋友家裡生了五隻小貓，庭松領養了其中一隻，取名叫BB。剛斷奶的BB比手掌還小，大概那位朋友沒有結紮的觀念，聽說她家的貓就這樣一直不斷的生小貓！

沒多久，庭松收到兵單、必須去服兵役，不得已只能把BB帶回老家桃園，交給家人照顧。

當時一起住在臺南的朋友捨不得BB被帶回桃園，自告奮勇的願意當乾爹，甚至還親自去桃園把BB接回臺南！

庭松單純的接受好友立意良善的協助，後續間接得知BB並未受到良好的照顧，一邊是心愛的貓、另一邊是拜把的好兄弟，更為難的是自己人在部隊裡，完全使不上力……

當庭松一退伍，立馬和女友姿榕一同把BB接回家。剛接回家的BB狀況不是很好，不但瘦，還有耳疥蟲、耳屎，腳掌都是貓砂……

庭松為彌補BB，給予一切的關愛、用心的照顧，過了好長一段期間，才慢慢恢復健康！

沒多久因搬家關係，房東硬性規定屋內絕對不能養寵物，於是他們兩個又把BB託給另一位友人照顧，希望等經濟能力好轉、可以換好一點的住處，再把BB帶回來。

當時BB還沒結紮，友人的貓也沒結紮，就這樣與友人的家貓發生關係，張庭松和黃姿榕為了表示負責，領養其中一隻（那一胎生四隻），取名叫QQ（父子倆皆已結紮）。

姿榕與庭松不想再因為外在因素讓貓咪們吃苦，兩人也決定共同建立自己的家庭，姿榕與庭松修成正果，BB與QQ也不用再面對寄宿生活了。

編後語

BB 是一隻很好拍照的貓，拍起照來也像個紳士，看照片就知道，姿榕卻說：因為牠都在放空！

BB 還有一項祕技，就是走路的時候偶爾會像忠烈祠憲兵那樣踢正步，還真的讓我親眼見識到，完全值回票價呢！

SOSO VS 蔡佳恬、謝宗穎：

感謝默默守護著我們的貓咪們

地點：臺中市南區
飼主：蔡佳恬、謝宗穎
黑貓基本資料：SOSO／男生／1.5歲／5.7公斤

紅塵有緣相伴　快樂一生相隨

取名為SOSO源自於法文的太陽soleil，由於soleil的發音不易，直接簡化成SOSO。小黑貓SOSO並不是佳恬的第一隻貓，在這之前已領養一隻體型極小（最重的時候也只有一公斤多）、個性任性、霸道又愛撒嬌、像個被寵壞的小公主，名字叫小豬豬的白底虎斑貓。

前幾年在澎湖惠民醫院擔任語言治療師的佳恬，先領養了小豬豬。幾個月後，同事說她剛撿到一隻黑色的浪貓，問佳恬有沒有意願領養，當時佳恬很希望小豬豬有個玩伴，所以就很爽快的答應了。

2隻貓正式見面時，佳恬讓SOSO和小豬豬互聞對方用來睡覺的小布團，小豬豬對有SOSO氣味的布團沒什麼特別興趣，聞一下就跑掉了；SOSO卻對小豬豬的布異常著迷，像癡漢一樣整個深陷其中，嗅個不停。這似乎也暗示了此後兩貓的關係：郎有情，妹無意，注定是一場沒有結果的苦戀……

那是個特別冷的12月，SOSO正式成為這個家的一份子。牠雖然體重比小豬豬多了三倍，卻像小豬豬的小跟班一樣，天天圍著小豬豬打轉，而且總是有樣學樣，小豬豬做什麼牠就做什麼。

後來小豬豬生病，怕會傳染，佳恬把SOSO和小豬豬隔開，SOSO彷彿知道了什麼，一直在小豬豬的房門外徘徊著……

小豬豬終於不敵病魔、離開了深愛牠的佳恬，還有一往情深的SOSO……

有一天凌晨，突然聽到SOSO大叫，佳恬近看之下，驚訝的發現SOSO把整袋小豬豬的衣服、毯子叼到牠最愛的祕密窗臺，又咬又啃的……

鼻子一酸，這才知道，小豬豬一直活在SOSO心中，沒有離開……

語言治療師的工作內容

1. 應用各種儀器或測驗，評估患者溝通能力或吞嚥功能
2. 聽覺功能篩檢
3. 音聲異常之評估與治療
4. 構音異常之評估與矯治
5. 口吃與迅吃（說話速度太快而有構音不清、語詞漏掉的現象）之評估與矯治
6. 評估與治療腦部病變所致之溝通障礙
7. 語言發展遲緩、學習障礙、聽力障礙及智能不足之語言評估和治療
8. 因器官或機能異常所致吞嚥困難之評估與治療
9. 溝通輔助器之設計，選配及使用指導
10. 溝通障礙及吞嚥困難患者及家屬之諮詢
11. 參與語言治療教育、行政、研究顧問等工作

編 後 語

我一向對於從事小眾工作的專業人士有種惺惺相惜的莫名好感，謙恭有禮的佳恬與宗穎非常認真的向我解釋他們的工作內容，果然是治療師，得比一般人更有耐性！

烏吉＆烏暱 VS 黑貓月亮咖啡館：

讓黑貓月亮咖啡館更為完整且名符其實

地點：臺中市西屯區
飼主：黑貓月亮咖啡館
黑貓基本資料：
1. 烏吉／男生／2 歲 10 個月／5.1 公斤
2. 烏暱／男生／11 個月／4.1 公斤

「黑貓月亮咖啡館」名稱由來：咖啡館最初成立時，其實並沒有黑貓，只是因為常客們多數都是晝伏夜出的藝文界人士，儘管很想要養黑貓，卻一直沒有這個緣分⋯⋯

而這一等，就是 8 年！

第一隻黑貓是老闆在清泉崗機場附近發現的，當時才 4 ～ 5 個月大，單獨的在便利商店旁邊閒晃。老闆一見，機不可失，趕緊借來誘捕籠，所幸小黑貓很貪吃，三兩下就騙進籠子裡。

小黑貓很瘦，才 1.5 公斤，在興旺動物醫院的指導下，很快的便成為一隻頭好壯壯的黑貓。小黑貓被取名為烏吉，「有錢」（臺語）。

小烏吉漸漸的長大了，朋友紛紛建議，最好再養另一隻貓，因為人的陪伴、不如同類的動物陪伴！老闆、老闆娘依舊篤定要黑貓，於是放出風聲。

大約 2 個星期後，接獲動物醫院的通知，有一隻 2 週大的小黑貓被消防隊撿到，聽說要直接送流浪動物之家，老闆娘聞訊立刻飛奔而去⋯⋯

小黑貓嚴重脫水、營養不良、上呼吸道感染、甚至還拉出血便，接手照顧時體重才 250 克！

老闆、老闆娘兩人七手八腳的餵奶、細心的照顧，沒想到小黑貓在狀況百出之下，體重還能夠一路的攀升，遲早成為大隻佬⋯⋯

基於延續「烏」系列的概念，小黑貓取名為烏暱（うに），應該是老闆、老闆娘愛吃海膽吧！

有些客人怕貓，要求把黑貓關起來，老闆總是笑笑的說：牠們是老闆耶，怎麼能關呢！

編後語

貓咖啡廳到處都有，以黑貓為主題的也不在少數，但，黑貓月亮咖啡館運用企業經營手法，配合客戶需求，經常舉辦各種座談會、餐飲教學、投資研習等等多元化的觸角經營，加上數字超強的老闆娘，黑貓月亮咖啡館確實獨樹一幟！

屎蛋 VS 子晴：

Shidan，Shidan！Why are you a cat？Deny your species and be my family forever!

43

地點：金門
飼主：徐子晴
黑貓基本資料：shidan 屎蛋／男生／約 1 歲／2.4 公斤

從小就喜歡小動物，家裡雖然有養狗，但子晴更喜歡貓！

採訪當時在金門大學就讀應用英語學系二年級的子晴，受到國際情勢的影響，選擇金門大學，無非是希望多一點前往中國大陸研習的機會！

子晴與打工的同事在學校附近的小吃攤看到一隻小黑貓，當時可能才一個多月，兩人在現場守候 3 個多小時，希望母貓出現把牠帶回去……

第二天又忍不住到同一個地方探望，小黑貓居然還在，兩人當場決定帶走！

子晴沒有養貓經驗，所以由同事先接手照顧，再來想辦法找領養人。當下的子晴尚未被喚醒的黑貓魂，在當天回家後，澈底的被激發了！

輾轉難眠的子晴，一想到同事選的領養人如果沒有那麼愛貓、如果只是突發奇想的找個排遣寂寞的對象、萬一被關在籠子裡……再也不敢往下想了！

一大早便趕去同事家裡，再次看見牠的時候，就決定把當時省吃儉用存下來的旅費全數用來購買牠的食品與用品！

子晴是個泰國控，黑的泰文發音是 SHIDAN，於是取名叫做 SHIDAN，結果，SHIDAN 被朋友叫成了屎蛋！

屎蛋非常挑嘴，沒有養貓經驗的子晴束手無策。

在閱讀過各種與貓咪健康有關的文章後，原本抱定君子遠庖廚的子晴，為了屎蛋的健康，捲起衣袖開始看食譜、學做鮮食！

透過網路上的文章資料得知，貓咪容易罹患腎臟疾病，子晴希望與屎蛋能夠相處更久一點，為了牠的健康，再辛苦也值得！

沒想到養貓也是一種磨練廚藝的優良媒介呢！尤其是跟一隻挑嘴貓一起生活！

寒假時，決定把屎蛋帶回老家桃園。但工程浩大，因為從金門搭飛機回臺灣必須簽切結書，保證寵物健康，且外出籠必須健全妥善，兼具安全性、合理性與舒適性，不能放食物與水，怕打翻。當然，最重要的是必須施打狂犬病疫苗與植入晶片。

根據子晴描述，在金門唸書，學校規定必須了解金門的文化，於是，金門的建築特徵、防空洞等等，幾乎是「無處不雕、無處不書、無處不畫」濃郁金門風情的建築裝飾，子晴可是如數家珍呢！

編後語

離鄉背井的學子總是比同儕多了一分韌性與獨立，子晴非常清楚自己的目標與對未來的自我期許，屎蛋的陪伴，無疑是一股安定的力量；大家仔細看她們的合照，屎蛋與子晴的神韻是不是極為相似呢？

喔，對了，金門的黑貓跟臺灣本島的一樣黑耶。

LUNA VS Monique & Allen：

月亮派來懲罰我們的使者

地點：金門縣金城鎮
飼主：Moniqueand Allen
黑貓基本資料：LUNA／女生／9個月／2公斤

有緣千里來相會

小黑貓 LUNA 是 Monique 與 Allen 的第三隻貓，在這之前，兩人一直想要黑貓，原因非常簡單，他們都是美少女戰士的忠實粉絲！

更厲害的來了，想要養貓嗎？自己抓！

小黑貓前面的 2 隻貓，都是兩人自己抓來的！但就是遇不到黑貓……

小黑貓 LUNA 的前任飼主一時衝動領養了 LUNA，其實根本不會照顧小幼貓，而且家裡已經有一隻狗了，該飼主的女兒很理智的反對，不贊成母親領養貓，家人沒有養貓的經驗，加上 LUNA 太小了，無法給予完善的照顧，於是趕緊上網貼送養文。

Monique 一看到送養的訊息，連本尊都還沒看上一眼，就決定領養。

因為美少女戰士裡面的黑貓叫 LUNA，所以取名叫 LUNA，碰巧兩人遇到的這隻黑貓是小女生。那，如果是小男生呢？

「一樣叫 LUNA 啊，根本不用考慮！」

可能是先天因素造成，小黑貓 LUNA 的健康真的很糟糕，不但口腔有膿包、還一直流口水、拉肚子，各種狀況百出，可能腸胃發炎了。

即便如此，小黑貓仍活力十足，每天像充飽電一般的活潑好動！

甚至連結紮也完全不影響小黑貓 LUNA 的活動力，結紮前後都一樣，超有電的，毫無過渡期。最令人欣慰的莫過於 LUNA 與 2 隻前輩貓完全沒有適應上的問題！

編後語

Allen 是新竹人，在金門唸完大學後，服兵役前獨自前往美國打工遊學，接到兵單後，竟然抽中金門大獎，包括念書與當兵，前後加總起來，Allen 已經在金門待 12 年了。

或許是前世感情延續的緣分，來自香港的 Monique 與來自臺灣新竹的 Allen，兩人竟然在澳洲相遇、陷入熱戀！

為了追愛，更不想遠距離戀愛，加上 Allen 篤定自己與金門的不解之緣，於是，愛情的力量越過山脈、跨過海洋的引領著兩人，一起落腳於金門。

這是我第一次去金門，雖然沒吃到貢糖、也沒喝到高粱酒，風格獨特的建築物、悠閒

的生活步調，讓我有點明白為何潮到骨子裡的 Allen，選擇在此生活。

Allen 說一般金門人步調非常慢，開店做生意的也很隨性，下午 1、2 點開店，7、8 點就關門的也不足以為奇！

照理說，金門的物價水平應該不會很高才對，但聽到他們的店租時，竟然媲美新北市的水準！

姆久 VS 邱鉦雅：

亦師亦友，也是至親的存在！

地點：新北市淡水區
飼主：邱鉦雅
黑貓基本資料：姆久／女生／約 2 歲／ 4.2 公斤

採訪當時就讀臺北城市科技大學演藝事業科系三年級的鉦雅，雖然是個養貓新手，卻是寵物兔達人！

2 年前的颱風天，同學在臺北藝術大學附近一直聽到斷斷續續的貓咪哭叫聲，不知該如何是好，想到一直在做兔子、天竺鼠中途之家的鉦雅可能會有好主意，於是來問鉦雅的意見。

結果，她們花了二天才成功捕撈！

鉦雅一看到小黑貓，興奮的不得了，尤其是那一雙清澈的雙眼，特別吸引人！

完全沒有養貓經驗的鉦雅覺得黑色真的很神祕，毫不猶豫就決定自己收編，小黑貓成為鉦雅人生的第一隻貓、也是第一隻黑貓。

因為喜歡吃洋芋片卡拉姆久，加上外包裝又是黑的，就這麼三兩下的決定了小黑貓的名字。

鉦雅發現姆久身上竟然完全沒有任何跳蚤或蟲，不排除被棄養的可能性……

接著，讓鉦雅啞口無言的鳥事竟然接二連三的發生了！

儘管沒有養貓經驗，但鼠兔經驗豐富的鉦雅，馬上就把姆久帶去動物醫院進行基本的檢查。

沒想到，該動物醫院的獸醫竟然說：「牠是流浪貓耶，身上有沒有蟲啊，會不會把我的診所搞髒啊，你如果捉不住牠，萬一牠跑來跑去怎麼辦」，居然在囉嗦一大堆有的沒的之後斷然的拒收。

第二間動物醫院更扯，完全不懂怎麼控制貓，也不會抓，不是獸醫嗎，竟然還怕貓，姆久不過是一隻最多才 2 個月大的小貓，獸醫卻一副完全不知所措的樣子……

經過 2 個多月，姆久突然不吃不喝，鉦雅再次鼓起勇氣帶去給其他獸醫看，獸醫「判斷」是腹膜炎，在醫院住

了好多天，結果仍無法確認到底是不是腹膜炎，鉦雅至今仍有種被騙的感覺，怎麼自己老是遇到這種兩光獸醫。

在家裡輩分最小的姆久非常愛吃醋，每當鉦雅把其他兔子放出來活動活動筋骨後，姆久就會為了想要蓋掉其他動物的氣味而直接尿在棉被上！還好在姆久逐漸長大後已明顯改善。

原本男友對小動物的態度比較冷漠，漸漸的，現在也會主動關心姆久，連苗栗老家的媽媽、外婆也變得喜歡跟貓親近。

編後語

年輕的黑貓飼主們真的是一個比一個優秀，竟然能夠在短短不到 2 年的寵物兔飼養資歷之下，鑽研出一番心得；也因為看到了太多錯誤的飼養方法而決定出一本免費贈送的小冊子，教導民眾正確的飼養觀念，真的很了不起！

HAHA VS Yi Da Cai：
我的招財貓！

地點：新北市永和區
飼主：Yi Da Cai（以下稱為Y）
黑貓基本資料：HAHA／女生／1歲／4公斤

Y的阿祖愛貓，非～常～的愛貓，媽媽也愛貓，但Y一直與貓無緣！

大約是去年4月，鄰居路經新竹交流道，發現一隻尚未開眼的小黑貓獨自躺在高速公路旁邊，鄰居是愛貓人士，當然先救再說！

帶回家後，因鄰居家裡的前輩貓不親貓，只好在大樓的公布欄貼公告送養。Y一看到，便毫不猶豫的搶頭香，小黑貓成為Y人生的第一隻貓！

Y家裡已有四隻前輩狗狗，按照排行成為第五隻，所以取名叫HAHA（源自泰文第五的意思）。

Y隨即開啟了每3小時就必須餵一次奶的奶爸生活。HAHA白內障、身體瘦弱、沒什麼毛、應該說沒幾根黑毛，反而灰色毛居多（好像母貓在嬰幼兒時期多數顏色偏灰）。在Y細心照料下，HAHA漸漸長大，之後就很少生病了。

HAHA像小孩一般的貼心，又聽得懂人話。個性鮮明的HAHA除了喜歡紅色、黃色之外，更喜歡錢，因為牠會把聚寶盆的錢咬出來給Y！

Y住的那一個樓層，對小動物們非常友善，因此，Y偶爾會在晚上打開家門讓貓狗們在走廊舒展筋骨，有一次HAHA竟然真的咬了一張百元大鈔回來。

Y有一隻大狗叫熊寶，像個大哥哥般的照顧3隻小狗、1隻小貓；而這4隻狗又都會隨時隨地都在保護HAHA，每當有陌生人靠近，熊寶一定一馬當前！

因工作的關係，Y經常到外地出差，每到一個地方，就會買明信片，寫下當時的心情，寄給在家等候的貓狗們，或者問候、或者與牠們分享自己的經歷。如今，各國不同風情的明信片已貼滿整個冰箱。

Y 還有一個樂趣就是收集世界各地的迪士尼絨毛娃娃、當然少不了「泰迪熊」，尤其是限量的！

編後語

超級大暖男的 Y 多年前是一位造型彩妝師，各大品牌的時裝週或是各類商演的定妝工作應接不暇，根本沒有時間陪毛孩們，後來轉換跑道擔任精品採購，工作依舊忙碌。男生於是在去年毅然決然的辭掉工作，目前擔任精品部落客，介紹最新的流行趨勢。

Y 已經考取寵物美容丙級證照，基於有些飼主出國回來後第一件事就是想見貓狗，因此，Y 正在規劃開設 24 小時的寵物旅館，並且在能力範圍內做救援的工作，他是一個身體力行的人，相信他的努力很快地就可以看到具體成果。

題外話，HAHA 一詞在泰文是第五，但在日文卻是母親的白謙語，語言真是有趣啊！

歐歐 VS 趙小光：
很有默契的家人

地點：臺北市萬華區
飼主：趙小光太吉喵貓咪餐廳
黑貓基本資料：歐歐／女生／5 歲／4 公斤

小光的第一隻黑貓是在新北市收容所領養的，原本看中的是另一隻貓，但工作人員表示牠有貓瘟，建議她到另一個房間看其他的貓。結果，裡頭好多黑貓啊，小光注意到其中有一隻小黑貓的尾巴線條非常好看，當下便決定領養！

取名字的時候，小光試過其他幾個名字，小黑貓都沒有反應，只有在叫歐歐時會看著小光！

歐歐的聲音不像其他黑貓撒嬌、嬰兒般的叫聲，反而是沙啞、低沉，可是，歐歐卻聽得懂人話！

有一次，因為天氣熱，家裡的窗戶打開後忘記關好，歐歐穿過窗縫跳了出去，窗戶底下剛好是冷氣的室外機，歐歐站在上面，小光嚇壞了⋯⋯

用著發抖的聲音喊話：「歐歐，你冷靜一點，不要亂動，快回來。」

結果，歐歐乖乖的回來了，真是虛驚一場！

小光很小的時候，父母就離異了，小光跟著爸爸，父女倆感情相當好。

家裡的經濟條件不好，小光在年滿 18 歲那年，選擇就業門檻低、收入豐富的酒店公關小姐。載浮載沉了 2 年多後，爸爸因肝癌住院了。

為激勵爸爸戰勝病魔，小光想出了一個主意——製作貓草包。

小光買了一大塊可愛的粉紅色布疋，請爸爸剪出魚的版型、塞入一些棉花與貓草，等爸爸睡著後，再帶回家用縫紉機車線。

完成製作後，拍照上傳至臉書上的貓咪社團，引起熱烈的迴響，好多人訂購，爸爸也很開心，更有動力、精神也有了寄託！

小光心裡默默計畫著，等爸爸恢復健康後，一定要實現他開店的願望。

爸爸終於不敵病魔，撒手人寰。貓咪則成為小光與爸爸共同的珍貴記憶！

爸爸的回憶已經長眠，但小光決定讓回憶成為有生命的形體。

小光決定離開讓人沉淪的風月場所，開設「太吉喵貓咪餐廳」。

除了延續與父親的回憶，更希望運用座落位置之便，讓中途的愛媽與有意領養的民眾或是想要親近貓咪的民眾有一個交流的場所。

編後語

表面看起來有點冷漠，應該是彼此不熟悉吧，但當我提到能否借用太吉喵貓咪餐廳作為「為 Manali 而唱」的活動場地時，小光毫不猶豫的答應，充分展現黑貓飼主熱忱的一面！

所有中途貓 VS 彼得爸媽：

我願成為你前往幸福的那座橋，縱然你會忘了我

地點：桃園市桃園區
飼主：彼得貓幸福轉運站
黑貓基本資料：布雷克／男生／11 個月／4 公斤

大隱隱於市

這是一個獨立作業、非常低調的私人中途之家，不募款、也不募物資，之所以稱為「彼得貓幸福轉運站」，源自一隻患有貓愛滋的橘貓彼得。

2015 年 12 月，一隻大橘貓因左前肢受傷嚴重必須送醫治療。

彼得爸清楚記得當初必須從平時餵食地點誘捕牠就醫時，拿著罐頭給牠吃、一邊摸著牠，跟牠說：「相信我，我帶你看醫生好嗎？」橘貓不假思索的走進了提籠。

經醫生檢查發現已發炎感染，前段組織已壞死！獸醫立即進行截肢手術，雖然少了一隻腳，所幸因即時送醫而保住一條命！

獲得重生機會的大橘貓，被取名為「彼得」，也因為這次的就醫而被驗出患有貓愛滋！

彼得爸為了安置彼得，把工作場所閒置的空間設計成貓屋，也因此機緣開啟了彼得爸媽中途的大門，甚至把中途之家取名為「彼得貓幸福轉運站」，之後開始陸續協助桃園新屋收容所，安置治療後可出院、又需要送養的貓咪。

成立後 2 年內，彼得爸媽共送養出 15 隻黑貓。在彼得爸媽的眼裡，所有貓咪都是一樣的，端看貓與人的緣分，沒有顏色的迷思！

通常，彼得爸媽會先根據基本資料進行篩選，然後在現場觀察領養人與貓的互動情形，根據雙方傳送的磁場訊息，平等的看待貓與人的意願。

往往，領養的結果與預先的設定南轅北轍，例如一心只想領養虎斑、結果卻愛上黑貓，或者只想養一隻、卻捨

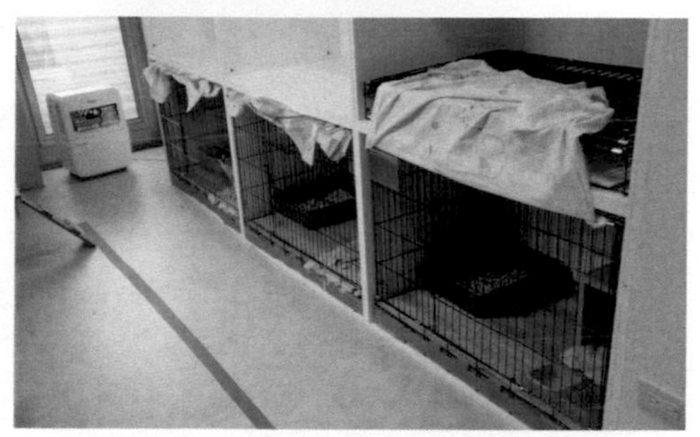

不得兄弟倆被拆散而統統打包，這一類情形在「彼得貓幸福轉運站」早已司空見慣！

貓 知 識

感染到貓免疫缺陷病毒（Feline Immunodefiency Virus，簡稱：FIV）的貓會罹患「貓後天免疫缺乏症候群」，俗稱貓愛滋病。與人類愛滋病不同，貓愛滋病並非透過性行為傳染，主要透過打架時、含病毒唾液經傷口傳染；愛滋病貓之死亡率比人類愛滋病患者低，即使不使用藥物，仍能活至正常壽命。目前已有對抗此病毒的疫苗。

養貓者必須注意貓是否感染 FIV，有感染的貓若會與健康但未注射疫苗的貓打架，則必須隔離。有養貓的家庭若撿到流浪貓，需先將流浪貓隔離檢疫，待確定未染 FIV 等傳染病後，才能與家貓接觸。

FIV 病毒不會感染人體，只會對貓科動物有作用，包括貓、老虎、美洲豹、豹、獅子等。與家貓不同的是，其他的貓科動物受到感染後並不會出現症狀。但「貓愛滋」的名稱容易造成無知者棄貓，因此媒體報導或宣導貓愛滋時，應當強調貓愛滋對人類無害。

〔資料參撰自維基百科〕

Cleo VS Noris：
牠是我的小黑天使、我的專屬小醫生

地點：桃園
飼主：Noris（國籍約旦王國，北臨敘利亞、東臨伊拉克；距離臺灣 8219 公里，飛行時間約 12 小時）
黑貓基本資料：
Cleo／女生／11 年 10 個月／4.5 公斤（原始體重 5.8 公斤，牠正逐漸從脾臟癌中復原）

如此美麗、神祕與獨特的黑貓，在很多國家地區、尤其是東歐，竟然會在萬聖節之前藉由殺黑貓來避邪，包括美國多數州郡的動物收容所，萬聖節之前一定會暫停對外開放黑貓送養，以免遭到不測。

就因為黑貓的生存機會相對較少，所以，當 Noris 老家的暹羅貓生下 4 隻小貓時，Noris 決定保留其中的小黑貓，其餘分送給親朋好友。

貓在古埃及社會的地位相當特殊，也備受關照與喜愛，因此，Noris 把小黑貓取名為 Cleopatra，簡稱 Cleo，名字的由來是埃及女王克麗奧佩托拉。

約 4 年前，當 Noris 決定到臺灣攻讀碩士與博士學位時，大家以為 Noris 會獨自來臺。

由於臺灣被世界動物衛生組織列為狂犬病疫區，Noris 開始積極收集攜帶動物入境的各種資訊，身邊的親友紛紛反對。

Noris 獨排眾議，堅決的表示她一定要把黑貓 Cleo 帶在身邊，因為，Cleo 是家人，家人是不離不棄的！

Noris 傾全力追求更寬廣的世界，而 Cleo 的世界就是 Noris

面臨未知的旅程，一定要有你相伴，如此，我才能不慌、不怕，且更勇敢

自 Cleo 出生以來，Noris 就是 Cleo 的世界，Noris 的喜怒哀樂，Cleo 全都知道，甚至可以感覺 Noris 身體的疼痛，例如腿不舒服時，Cleo 就會坐在腿上，感到頭痛時，Cleo 就會按 Noris 的頭，一開始，Noris 認為只是巧合，但，一而再、再而三的發生之後，Noris 覺得真是太不可思議了！

在 Noris 眼裡，Cleo 不是一隻黑貓，而是人類！

就在 7、8 個月前，Noris 差一點就失去了 Cleo ！ Cleo 罹患了脾臟癌！

獸醫說，即使牠們做了脾臟切除術和化療，倖存的機率渺茫，有關這一類病例的研究很少，如果 Cleo 在手術當晚幸運存活，也只能算是僥倖，獸醫仍建議讓牠安詳離開。

但，Cleo 是一個戰士，Cleo 知道 Noris 會盡一切努力來挽救牠！

手術後虛弱無比的 Cleo，仍鼓起精神與 Noris 一對一答，甚至 Noris 只是靜靜坐在一旁，Cleo 也會主動靠近、攀談！這一幕幕都讓獸醫及助理們驚訝不已！

Cleo 復原程度讓國立臺灣大學生物資源暨農學院附設動物醫院特別深入探討，主治獸醫甚至因此愛上黑貓！

跟著 Cleo 從約旦一起來臺灣，還有一隻耳朵聽不見的白貓「卡斯柏」。

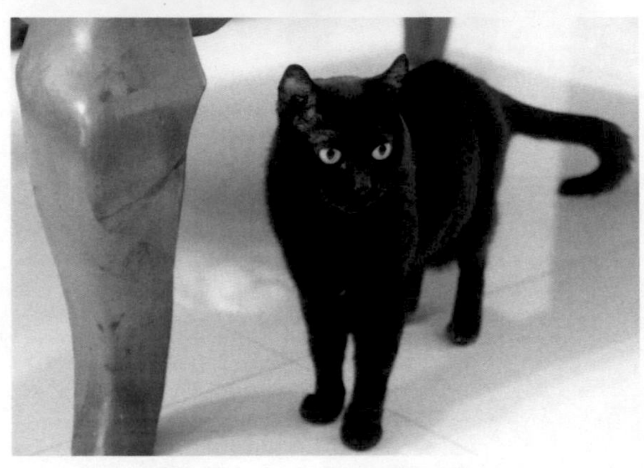

編後語

在 Cleo 入境後依規定隔離的期間，生活頓失重心的 Noris，突發其想的領養了一隻小狗「道奇」，Noris 為了道奇學中文（不過，好像也沒學幾句）。

所以，這個家非常的聯合國，Noris 跟道奇講中文，跟 Cleo 則是夾雜著羅馬尼亞文與阿拉伯文……

Noris 曾經在她的老家經營寵物雜誌出版社，但要對一般沒有太多「愛護動物」觀念的民眾從零開始教育，實在太難了！但她還是強調，或許經過這麼多年，應該已經改觀！

最好的例子就是 Cleo 面臨生死關頭，當醫師告訴她 Cleo 是脾臟癌以及後續的手術、住院和回診費用，Noris 只回醫師一句話，「救牠，幫我救 Cleo」……

生活不算拮据、但也稱不上寬裕，Noris 的臺灣朋友為她發起捐款活動，沒多久便解決這燃眉之急……這樣的情形若是發生在老家，恐怕無人聞問！

只會說簡單中文的 Noris，在那段兵荒馬亂時期記不得所有曾經幫助過她、捐款給她救黑貓 Cleo 的臺灣民眾，特別希望藉此致謝，感謝大家每一筆愛心捐款，才能讓 Cleo 繼續留在 Noris 身邊，感謝每一位不具名的善心人士。

力力＆弟弟＆妹妹 VS Yi Zhen：
相依為命

地點：新北市新店區
飼主：Yi Zhen（以下稱為 Z）
黑貓基本資料：
1. 力力／男生／3 歲／6.5 公斤
2. 弟弟／男生／2 歲／7.5 公斤
3. 妹妹／女生／2 歲／6 公斤

Z 的媽媽在新店地區經營髮廊「妘髮屋」已有 10 幾年，是當地的老字號！

店裡面有一隻名字叫斑斑的賓士店貓，店門口還有 3 隻固定食客。

有一天阿母跟 Z 說，附近的路邊好像有隻可能不到 1 歲的黑貓一直在叫，母女兩人二話不說，馬上找來捕魚用的魚網，雖然過程還算順利，但正在捕捉的時候，討厭的鄰居一直在旁邊囉嗦，阿母不想節外生枝，只好忍氣吞聲！

否則，以阿母的個性，怎麼可能會有「罵不還口」這種事！

被帶回家的小黑貓超愛講話，竟然會發出「媽媽」的喵音，Z 給牠取名叫巧克力，簡稱力力！

力力成為 Z 的第一隻黑貓。

一年多前，Z 的舅舅在西門町工地發現一窩小貓共 4 隻，Z 與生俱來的母愛瞬間噴發，把 4 隻小貓奶到長大，僅 1 隻送養，其餘 3 隻直接遷入戶口！其中 2 隻剛好是黑貓，分別取名弟弟、妹妹。

家裡面一下子多出這麼多貓，阿公實在看不下去，一直催促 Z 趕快把貓送給別人養，Z 竟然做出了瘋狂的決定……搬家！

無法割捨任何一隻貓，也不想讓喜歡安靜的阿公生活的不愉快，在痛定思痛之後，未曾離家的 Z 選擇搬出從小長大的老家，在外租屋，還給阿公阿媽平靜的老年生活！

雖然租屋空間狹小，Z 卻能夠在這個獨一無二的歡樂基地裡，與心愛的貓咪們盡情的嬉鬧、玩耍！金窩銀窩不如自己的貓窩！

※ 紅色項圈：力力／藍色項圈：弟弟／橘色項圈：妹妹

編後語

每次知道是多貓家庭時，我就會忍不住要求飼主們來個大合照，但要搞定幾隻大小黑、豈止容易，最後總是人仰馬翻、雞飛狗跳，黑貓們累、飼主們更累……

不僅如此，每當拍攝對象超過2隻以上，拍照的時候，我就必須一再的向飼主確認，全都拍齊了嗎，以免又被說是複製、貼上！

但我卻樂此不疲，就因為平時大家只能玩自拍，很難拍得清楚，拍合照實在太有趣了！

努努 VS 花機：

第三個小孩（一個人類小孩＋ 2 隻貓）

51

地點：新北市中和區
飼主：李花機
黑貓基本資料：努努／男生／1 歲 10 個月／4 公斤

小時候的玩伴是一隻大狼狗的花機，完全沒有想到自己會愛上貓！

2016 年 12 月 27 日，那天適逢寒流，愛貓人士的好友在路邊發現一隻玳瑁，順手就拎了回去……但家裡已經貓滿為患，轉而詢問花機有沒有飼養的意願。

猶豫了一下，花機決定召開家庭會議，在熱烈討論、達成一致的共識後，玳瑁麻糬（1.5 歲）成為家庭的一份子！

小貓愛玩、小兒子更愛玩，有一天兩傢伙玩瘋了，小兒子的眼睛被麻糬抓傷了。

花機與寶貝兒子都知道牠不是故意的，但也因為這個意外事件，讓花機驚覺到麻糬需要與自己同類的同伴，需要社會化，因而開始在網路上搜尋有關領養的資訊。

花機注意到一則領養資訊：愛媽明確的希望小黑貓努努的領養人必須是一個有貓的家庭，既不是單身、也不是養貓素人。努努被捕撈的那個社區曾經發生毒貓、驅趕貓的事件，原放會很危險，於是在 TNR（誘捕、絕育、放回原地）之後留在中途之家。

根據愛媽轉述，努努的第一位飼主患有慢性疾病，一週需要洗腎三次，又是住套房，家裡堆滿雜物，愛媽家訪發現努努的飼養環境真的不是很理想，感覺有一餐沒一餐的，也不常給水喝。前飼主甚至抱怨努努吃東西很吵、會抓她……

努努被帶回愛媽的中途之家後，愛媽對接手的繼任領養人也更加的嚴格。花機當時只是單純的希望為麻糬找個同伴，初步認為自己的條件應該符合。

實際看到本貓的時候，被努努的眼神給深深吸引住了，那眼神底下藏著千言萬語……

取得愛媽的同意後，2017 年 2 月正式領養了努努。

在這之前，連罐頭都沒有吃過的努努、更遑論被關愛，導致牠與人之間、與貓之間無不保持相敬如賓的距離。

花機知道急不得，儘管希望努努趕快卸下心房、融入這個家庭，或許心裡的陰影作祟，努努連吃東西都是戰戰兢兢的，那種渴望愛、卻又不知如何表達的無助，讓花機至今回想起來仍心疼不已！

無為而治才是上上之策啊！

就在彼此歷經了一段觀察期後，一個平凡的日常片刻，努努輕手輕腳的靠近花機、開始在花機的身上踏踏……花機流下此生最甜美、溫熱的淚水！

編後語

很有虎媽風範的花機，在聊及努努過往的遭遇，好幾次，眼中泛著淚水，聲音也變得特別的輕柔！

如果領養努努的只是一般飼主，恐怕不懂如何循序漸進的拆除努努心裡的那道牆！從這一點來看，讓人再次佩服努努的愛媽用心觀察每一隻貓、嚴格篩選領養人，盡可能做到最佳的媒合！

非常注重家人健康的花機，擁有一手的好廚藝，連甜點也會做。法國總統密特朗曾經説過，會拿鍋鏟的人、懂得征服人的味蕾才是真正的英雄！

所以，努努的愛媽與花機在這天成為我的英雄！

貓知識

貓咪的「踏踏」動作源自於哺乳時期在母貓身上踩踏，藉以吸吮乳汁；長大後的踏踏行為表示感到非常快樂、放鬆，當然也表示對飼主完全的信任、彷彿自己的母親。

梭梭 VS Ya-Chu：
讓生命更美好、更完整

地點：新北市汐止區
飼主：Ya-Chu Chang
黑貓基本資料：梭梭／女生／4.5 歲／5 公斤

梭梭取名來自 Espresso 的簡稱，最初是隻跟家人走散的小黑貓，在防火巷不停喵喵叫，Ya-Chu 心想，如果朋友抓得到，她就養！

一群人大費周章的思考了各種對策，正式「下手」前，沒一個人有把握！

結果，只用了一個罐頭，敲一敲，就手到擒來！雖然誘捕梭梭不費吹灰之力，2 天後，梭梭就因為貓瘟而住進了醫院……

所幸梭梭夠勇健，住院兩週就出院了。

因家中還有其他貓咪，為避免感染，梭梭在朋友家多待了兩週，直到症狀穩定後才接回家。

時間過得飛快，梭梭在 Ya-Chu 家生活已經兩年多了，除了有後腿無力的後遺症外，實在看不出來牠曾經生了這麼大一場病。

梭梭是個搗蛋鬼，喜歡睡在餐桌上，喜歡當碎紙機；梭梭也是個撒嬌鬼，喜歡喵喵叫對話，喜歡踏踏討摸摸，喜歡當跟屁蟲，喜歡坐在門口等 Ya-Chu 回家！

一天下班回到家發現，用來養孔雀魚的大玻璃碗被打翻了，多數的魚幾乎都不見了，因為家裡一共養了 3 隻貓，難以查明真正的兇手，案情陷入膠著。

一直到 Ya-Chu 發現，每當梭梭經過魚缸時，死裡逃生的魚兒們都會驚恐的閃躲……於是生魚片事件成為茶餘飯後的話題！

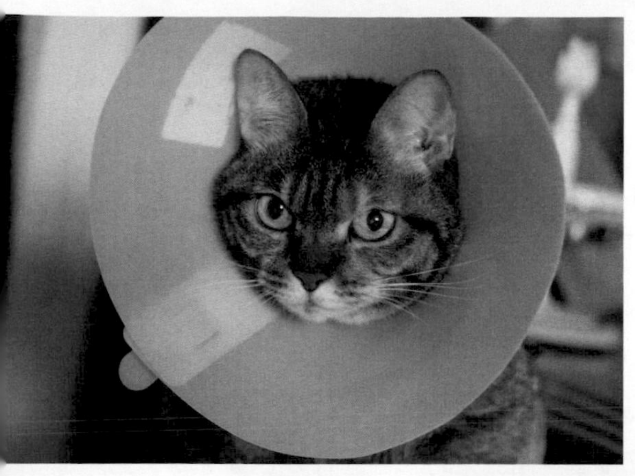

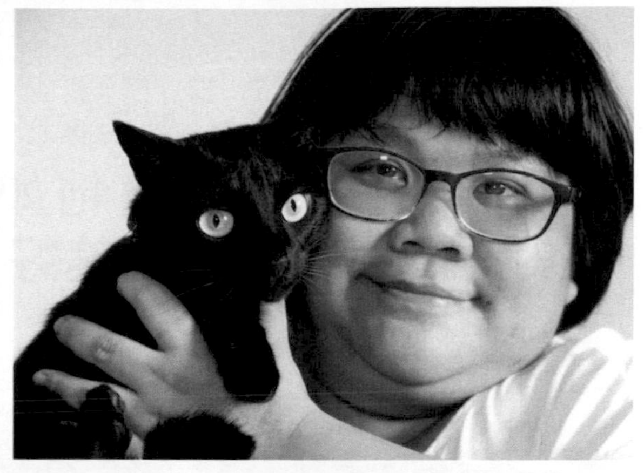

編後語

吃不胖的梭梭曾經是票選最像吉吉的黑貓第一名，採訪當天本來摩拳擦掌的希望滿載而歸，沒想到梭梭竟然大怯場……

Ya-Chu 家超大，追得我好累！所以，每當我聽到飼主說，「不好意思，我家很小……」

大家就不難想像我有多開心了！

歐蛇蛇 VS 蕭心心：

我愛牠如同牠愛我一樣的單純與美好

地點：基隆市安樂區
飼主：蕭心心
黑貓基本資料：歐蛇蛇（臺語發音）／男生／3 歲／4.5 公斤

牠叫蛇蛇、她叫恩恩，兩個都是心心的寶貝，蛇蛇早了 2 年來報到，兩個都用著無比宏亮的聲音進入心心的生命！

2014 年夏末，突如其來第一道宏亮的叫聲，叫醒了還在賴床的心心，忍不住好奇、循著聲音找到了一隻小黑貓，毛色黑得發亮，如果不是那雙清澈晶瑩的雙眼，誰會發現你呢？

該如何是好，幾經思量後，先帶回家照顧、再來送養吧……

這麼可愛的小黑貓，很快的就有人想要領養，卻在最後要放手的那一刻，心心驚覺自己完全無法與這隻小黑貓分開！

2016 年夏初，再次出現了另一道宏亮的哭叫聲，喚醒了心心初為人母的喜悅，小恩恩的到來，為這個黑貓家庭注入全新的活力！

蛇蛇哥哥對小恩恩充滿了好奇，一種既熟悉又陌生的感覺……

熟悉的是，當媽媽大肚子的時候，蛇蛇總是趴在媽媽肚子上睡覺，底下那個小傢伙在踢腳、還是吃手手，蛇蛇比誰都清楚！

陌生的是，又小又軟又熱呼呼的小傢伙，為何身上光溜溜的沒有毛？

不甘寂寞的阿蛇哥哥會偷睡妹妹的嬰兒床、也會溜進推車裡……

睡覺時總愛窩著妹妹一起睡，心心知道蛇蛇會是個好哥哥。

現在，妹妹長大了，學著自己探索世界，第一個會的詞就是「喵」，也會學著大人拍拍大腿，用稚嫩的聲音呼叫「蛇蛇來、蛇蛇來」。

小恩恩對阿蛇哥哥的尾巴充滿了好奇，一直想要吃尾巴（口慾期）；對阿蛇哥哥的黑毛感到新鮮，一直想要抓起來玩（觸覺期）；最愛跟阿蛇哥哥玩你追我躲的躲貓貓遊戲（爬行期）……兩隻小屁孩讓這個家充滿了驚喜與歡笑！

編後語

儘管那是一個充滿歡樂又溫馨的午後時光，但想要讓兒童與小動物同時乖乖的入鏡，哪有那麼容易！家裡的玩具全都派上用場了，客廳像是被轟炸機炸過一樣的零亂……

最後，大人沒力氣了，兩個小幼幼依舊沉醉在自己的世界裡……

好吧，等你們兩個大一點，再來玩一次！

歐羅肥 VS Sammi：

一輩子不確定有多長，只要有我在，就會給你一輩子

地點：新北市板橋區
飼主：FUN LIFE GELATO CATS CAFÉ Sammi
黑貓基本資料：歐羅肥／2歲／男生／6公斤

Sammi是一般人眼中的菁英份子，在上市半導體公司擔任工程師的Sammi，年薪超過百萬！但是，她不快樂！

從小無論做什麼，只要稍微偏軌，就算父母不開口，也總有人會指三道四。

「妳媽媽是老師、爸爸是高階人才，妳怎麼可以這樣……」

在不能這樣、不能那樣的30幾年以後，反骨的個性，終於爆發了，Sammi決定做自己！

從小生活在高度嚴格管教的家庭，高知識份子的父母對2個女兒的期許與栽培不遺餘力。

慘綠少女時期的Sammi還來不及搞懂自己想要什麼的時候，就做出第一次錯誤的決定！

從現在的角度來看，她選了一所很爛的五專，Sammi一進學校就被霸凌，原因只有一個，就是她功課好，同學逼她包辦所有的作業，Sammi沒有朋友、自閉了一年多……

擁有理科頭腦的Sammi清楚知道自己的本事，在一群雞裡面當鶴，不如當荒野一匹狼來的自在！

就在專四那一年，姐姐提議去法國自助旅遊，在那短短一個月，Sammi整個人可說是茅塞頓開！

自由、奔放、不拘小節、重視生活品質與心靈享受的生活形態深深吸引著Sammi。一結束假期，當時18歲的Sammi馬上為自己申請學校，先到加拿大2個月，托福考合格後，立刻轉去西雅圖，也在西雅圖完成學業，如願取得物理工程學士學位。

西雅圖的生活應該可以算是Sammi人生的轉捩點！

住在學校宿舍的Sammi，每逢週末假日就會與美籍室友一起回家，室友家裡養了好幾隻貓，都是虎斑系列，虎斑加白色、咖啡虎斑……

剛開始 Sammi 擔心過敏會不會發作，因為 Sammi 從小就被「診斷」為過敏體質，甚至還有異位型皮膚炎、氣喘，為此，打針吃藥了好幾年！所以，爸媽不准 Sammi 接觸任何小動物……結果，Sammi 一個噴嚏也沒打，原來她的過敏原並非小動物！

眾多虎斑貓當中有一隻叫做 Tiger，與 Sammi 特別親近，當所有人一起看影片時，Tiger 會趴在 Sammi 身上，晚上會進客房一起睡，室友向 Sammi 說「妳有貓奴磁場」……

回國後，在上市的半導體公司擔任工程師，年薪超過百萬，但，經常出差、開會的生活，讓 Sammi 覺得自己每天都喘不過氣來，自己早晚會被淹沒……

自從一隻被人遺棄在窗臺底下、才 5 天大、尚未開眼的賓士貓阿噗出現之後，Sammi 的生活重心全在貓身上，想要照顧、幫助更多的貓、想要成立中途之家的念頭越來越強烈！

但，對貓沒有任何好感的媽媽，反對的力道也越來越強硬！

基於方便上下班，Sammi 在公司附近租屋，但，房東不准養寵物；Sammi 索性買房子，當收養的貓咪越來越多之後，也為了給貓咪更好的環境，第一間房子幾乎以一倍價格售出！

Sammi 深信貓咪為她帶來好運，知恩得要圖報啊！

Sammi 終究遠離了一般人眼中的正軌，踏上了不歸路的中途之旅！

黑貓歐羅肥是從「彼得貓幸福轉運站」接收，本來準備中途送養的，只因為 Sammi 抱了歐羅肥一下下，而歐羅肥又回抱 Sammi 一下下，就這麼互訂終身了！

現在的歐羅肥已經是 FUN LIFE GELATO CATS CAFÉ 最受歡迎的店貓了！

編後語

當 Sammi 聊及自己現在做的每一件事、還有與每一隻貓咪相處的點滴時，Sammi 是快樂的、是幸福的，她的笑容可以證明一切！

現代人有哪個人真正對自己的生活感到滿意，多數都是因為在做自己不開心的事，真心希望 Sammi 媽媽可以感受得到 Sammi 現在是如何的滿足與快樂！

Sammi 的終極目標是開設一個貓咪農場，相信這是許多愛貓人士共同的夢想，預祝任何一位可以率先實現夢想的人！

阿兜比 VS 南瓜人：

把握貓生，活在當下

地點：新北市三峽區
飼主：Adobe 大師 's 哲學貓生＆南瓜人
黑貓基本資料：阿兜比／男生／約 3 歲／ 5 公斤

本來沒那麼喜歡貓的，有一天去一位朋友家玩，結果被朋友家一隻非常親人、又撒嬌的橘白貓給澈底征服了！

深深愛上貓咪的南瓜人立刻向所有親朋好友宣布：「我一定要養貓！」

聽到風聲的朋友向南瓜人表示，公司附近出現 3 隻小貓，剛好有 2 隻橘白，也熱心的傳來橘白貓的照片，南瓜人止不住雀躍的心情、迫不及待賞貓去！

因心中早已篤定要養橘白貓，滿腦子都是橘白貓在身旁蹭來蹭去的畫面！

到了現場，卻從高度的期待，一路跌落谷底，2 隻橘白貓根本對南瓜人視若無睹！說好的撒嬌呢？

南瓜人失望之情溢於言表。隱約記得朋友說有 3 隻小貓……

「那……還有 1 隻，在哪裡呢？」

「就在你面前啊。」

南瓜人揉一揉眼睛，在黑色的摩托車椅墊上有一個黑色小東西。

南瓜人直覺的伸出手，「喵～喵～喵～」小黑貓蹭著南瓜人的手，一股宛如高壓電的電流竄入南瓜人的心裡……

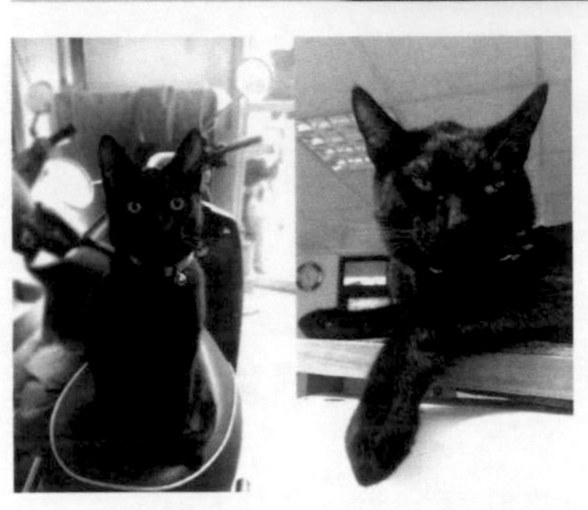

「原來，不是我在選貓而是貓在選我。」

就是牠了！

南瓜人不知道該取什麼名字才好，因為朋友的同事都叫小黑貓阿尼基（アニキ，大哥），朋友於是建議，既然南瓜人工作上都是使用 Adobe 繪圖軟體，不如直接用 Adobe 吧！

Adobe，阿兜比，嗯，妙極了；阿兜比、阿尼基，毫無違和感！

人生的第一隻貓、第一隻黑貓阿兜比，不知不覺的滋養著 sungho 南瓜人的創意人生！

剛開始南瓜人在臉書記錄阿兜比的生活點滴、讓關心阿兜比的朋友同事們掌握牠的成長，朋友說乾脆開設粉專，大家可以直接看，於是成立粉專「Adobe 大師 's 哲學貓生」，也逐漸吸引不少黑貓飼主或喜愛黑貓的朋友關注！

「把握貓生，活在當下」是 Adobe 大師 's 哲學貓生粉絲團裡的介紹。活在當下人人都會講，但這道理卻是南瓜人從一隻小黑貓身上學來的！

有次阿兜比打翻了水杯，被老徐（現在的夫婿）臭罵了一頓，阿兜比也生氣地回喵了一聲後，立刻衝回房間躲起來。

擔心阿兜比一生氣，會在房間亂大小便報復，馬上和老徐奔向房間，卻發現阿兜只是靜靜站在窗邊看夕陽。

「阿兜比？」南瓜人試探性地叫了一下，沒想到阿兜比溫柔的喵了一聲便轉過頭來，然後跑來蹭我的手。

「咦……怎麼一副沒事的樣子？」

沒想到老徐說：「牠這就是活在當下啊。」

「蛤？」

冰雪聰明的阿兜比並非忘記剛剛的事情，而是選擇讓它過去！與其沉溺在負面情緒裡、一整天不開心，為何不讓情緒在當下過去，享受眼前的美好呢？

貓的智商年齡與 7 歲小孩無異，都是有脾氣、有個性的，阿兜比選擇當一隻快樂的、不會庸人自惱的黑貓。

也是因為這件事，後來當朋友建議創立粉絲團時，才會取名叫做「哲學貓生」。

阿兜比之於南瓜人來說，是一個樞紐。以牠為中心，牽起南瓜人和其他親朋好友、甚至無數陌生人的連結。

南瓜人感謝阿兜比的到來，讓她能夠在工作之餘，透過阿兜比澈底發揮自己的繪圖才藝！

每次在網路上看到毛孩離世的文章都會很難過，反觀自己與阿兜比，不管未來會怎樣，珍惜眼前每一秒每一刻，才不枉 Adobe 大師 's 哲學貓生的 Benchmark「活在當下，把握貓生」！

南瓜人的家也曾經因為阿兜比的初來乍到，而掀起了一場溫和的家庭革命。

南瓜人媽媽並非排斥黑貓，只是小時候被貓咪嚇過，至今仍對貓心生恐懼。

對此，阿兜比隱約的感到媽媽屬於神聖不可侵犯的存在，因而很識趣的主動與媽媽保持距離，這貼心的舉動，無疑的不也是一種哲理。

編後語

採訪當時即將嫁作人婦的南瓜人，阿兜比也要跟著搬去阿爸準備的全新貓房，奴才與主子共同展開新的生活，讓我們一起給予深深的祝福！

歐歐 VS 靜雯：
就像前世分散的親人在今世重逢

地點：高雄市左營區
飼主：林靜雯
黑貓基本資料：
歐歐／女生／2 歲多／4.7 公斤

不需要任何言語，從看到歐歐的第一眼就知道了，你是我前世的親人

橘貓與小黃狗的顏色接點

至今回想起來仍記憶猶新，第一次在中途之家看到歐歐的瞬間，不知為何，止不住的淚水像潰堤般的崩解，悲喜交集，喜的是你的到來、悲的是怎能讓你吃那麼多苦！

靜雯在養了多年的小黃狗去世之後就篤定不再養小動物了！

有一天無意發現，距離自家路程不到 5 分鐘的中途之家，有一隻雙眼失明的橘貓待領養，如果真要問靜雯當下被觸動的……莫非是！

靜雯立即向愛媽表達意願，愛媽並未因為有人要養盲貓就迫不及待的脫手！經過好幾天的一問一答，終於獲得接見了！

當愛媽把橘貓從籠子裡放出來的當下，靜雯的目光卻被一道黑色的光芒給吸引了，跳來跳去、跑來跑去的，等到靜雯看清楚時，原來是一隻小黑貓，靜雯下意識的脫口而出……好可愛哦！

很自然的用手去摸摸頭時，一陣觸電般的溫暖感受、直衝靜雯腦門，眼淚完全不聽使喚的狂奔，一時之間，靜雯忘了自己是為橘貓而來，整個心、整個魂只在小黑貓身上。

回程時，那股說不出的悸動久久無法散去，不用靜雯開口，靜雯老公眼神輕柔的望向靜雯：「統統帶回家吧！」

歐歐跟家裡其他貓咪最大的不同之處，就是歐歐很聰明、很愛靜雯，又很會吃醋。靜雯認為牠們的關係是媽媽和女兒，雖然靜雯常看歐歐的臉色在過日子。

歐歐心情好的時候、就會一直黏著靜雯、躺在靜雯身邊；反之，怎麼叫也不理人。

靜雯最愛問歐歐，愛不愛媽媽，歐歐會回答：「愛～」

編後語

多數民眾在領養的過程中，幾乎不會去注意任何傷殘的貓或狗，包括我自己也是一樣！

現代人工作忙碌，養活自己已是極限，哪有多餘的能力去照顧需要負擔醫療費、需要更多時間照顧與陪伴的傷殘貓狗。

這些領養傷殘貓狗的人並非因為他們有錢或有閒，而是因為他們擁有強大的、悲天憫人的胸襟！靜雯就是其中一位！我見過心腸最為柔軟的女性之一！

我故意問靜雯，已經有人類屁孩了，為何還想要養貓……

「心情沮喪或心情不好時，看到牠們心情都變好了，再不好，抱著歐歐哭一哭，情緒也得到舒緩，這哪是屁孩能比的、屁孩絕對做不到。」

威爾 VS 紫櫻風：
相互需要彼此的夥伴

地點：臺南市柳營區
飼主：紫櫻風
黑貓基本資料：
威爾斯柏／男生／2 歲／5.1 公斤

名字由來：取自弟弟最愛的動畫裡面的惡魔黑貓的名字，結果，個性真的調皮搗蛋到不行……

因為工作關係，紫櫻風不得不全臺奔波，生活難免孤單，一直在想，如果身邊有隻貓咪陪伴該有多好……

和多數愛貓人一樣，紫櫻風認同支持領養代替購買的理念，決定向中途之家詢問。

結果，已經做好萬全準備、包括貓砂、逗貓棒等等所有相關用品皆已備齊的紫櫻風，連找了三家詢問領養，全都徒勞無功！

就在差一點想要放棄之際，剛好有一隻黑貓被上一位領養者退回中途之家，紫櫻風表達強烈意願、愛媽也願意讓紫櫻風試試，只要定期回報貓的近況就可以了！

於是，5 個多月大的威爾成為紫櫻風的第一隻貓。

由於威爾小時候罹患過貓瘟，雖然已經痊癒，卻導致牠的體質變得體弱多病，幾乎每天感冒！不能打預防針、也不能動手術結紮，家人甚至極力反對花這麼多錢養一隻貓。

但，威爾不放棄自己、堅強的意志深深感動著紫櫻風，紫櫻風力排眾議，下定決心，陪威爾一起渡過難關……

齊心合力的調養身體之下，威爾沒讓紫櫻風失望，頭好壯壯、2 歲的威爾已經成為 5 公斤肥美俱樂部的成員了。

紫櫻風白天外出工作、下班時間又不一定，多數時間威爾都是自己在家，甚至有陣子，威爾突然喜歡把布類東西吃下肚，所幸每次都拉出來！

由於進食和活動力都正常，經獸醫判斷有可能是憂鬱。紫櫻風愧疚不已，於是盡可能的陪伴，威爾吃布狀況漸漸好轉，讓紫櫻風不禁反省，貓跟人一樣，都需要陪伴啊！

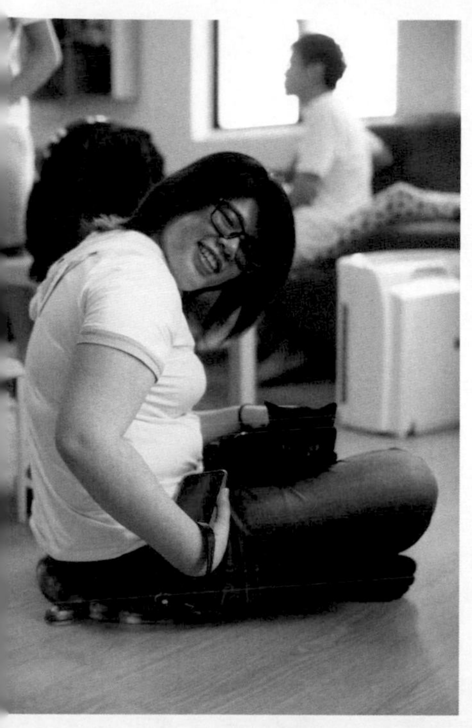

編後語

如果用 100 分來形容緊張的最頂點，7 月 1 日的活動「黑色會 @ 高雄」，紫櫻風、還有她的寶貝黑貓威爾，一人一貓加起來應該達到 201 分！

儘管過程膽戰心驚，紫櫻風事後表示自己意猶未盡！

這應該是所有與會飼主的心聲吧，凡事都有第一次，不嘗試，永遠不知道「黑貓聚」有多好玩，因為，光看別人家的黑貓這件事就夠刺激了，大家都想知道，撞臉、到底撞到什麼程度啊！

Fils VS 博淵：

Fils 不是寵物，是我們的家人，我愛黑貓，黑貓最棒

地點：高雄市大社區
飼主：楊博淵
黑貓基本資料：
Fils（菲爾斯）／女生／3歲10個月／4.5公斤

Fils 是在高雄壽山收容所領養的，博淵一直覺得不是自己在挑貓咪，而是貓咪選奴才！

領養當天，隔壁籠有兩隻天菜級的小萌貓，相較之下，約莫一個多月大的小黑貓根本其貌不揚。

然而，當博淵一靠近小黑貓，小黑貓馬上就喵喵叫的、撒嬌的模樣可愛極了，博淵毫不猶豫的當下決定領養！人生首次下海為奴，何其榮幸被黑貓徵召！

當天離開收容所後，立馬帶去動物醫院檢查健康狀態。

途中，博淵一直在構思取什麼名字，靈光乍現，就叫「Fils」吧，Fils 這個名字在法文意指「兒子」，結果，當獸醫打疫苗時才發現是個小女孩！

隨著相處時間的增長，越來越能夠體會到黑貓真的非常貼心、而且聰明。

有一次，女友忘記關瓦斯爐，Fils 一直在廚房門口大聲的喵叫，如果沒有 Fils 即時感到異常，後果不堪設想。

和女友吵架時，Fils 也會立刻飛奔到兩人中間，輕聲的喵叫，甚至咬著褲管、示意制止；又或者生病不舒服時，牠就會靜靜的靠在身邊陪伴。

另外，Fils 是一隻有潔癖的處女座黑貓，只要貓砂沒有清，牠就會在貓砂盆旁邊一直叫到清理乾淨後才肯上廁所；看到別隻貓咪貓砂沒蓋好，就一定會幫牠把貓砂蓋好蓋滿，便便和尿尿絕對不可以外露在貓砂上！

編後語

博淵是個超級大暖男，從他伺候 Fils 的一舉一動即可感受到，祝福他盡快建立黑貓家庭！

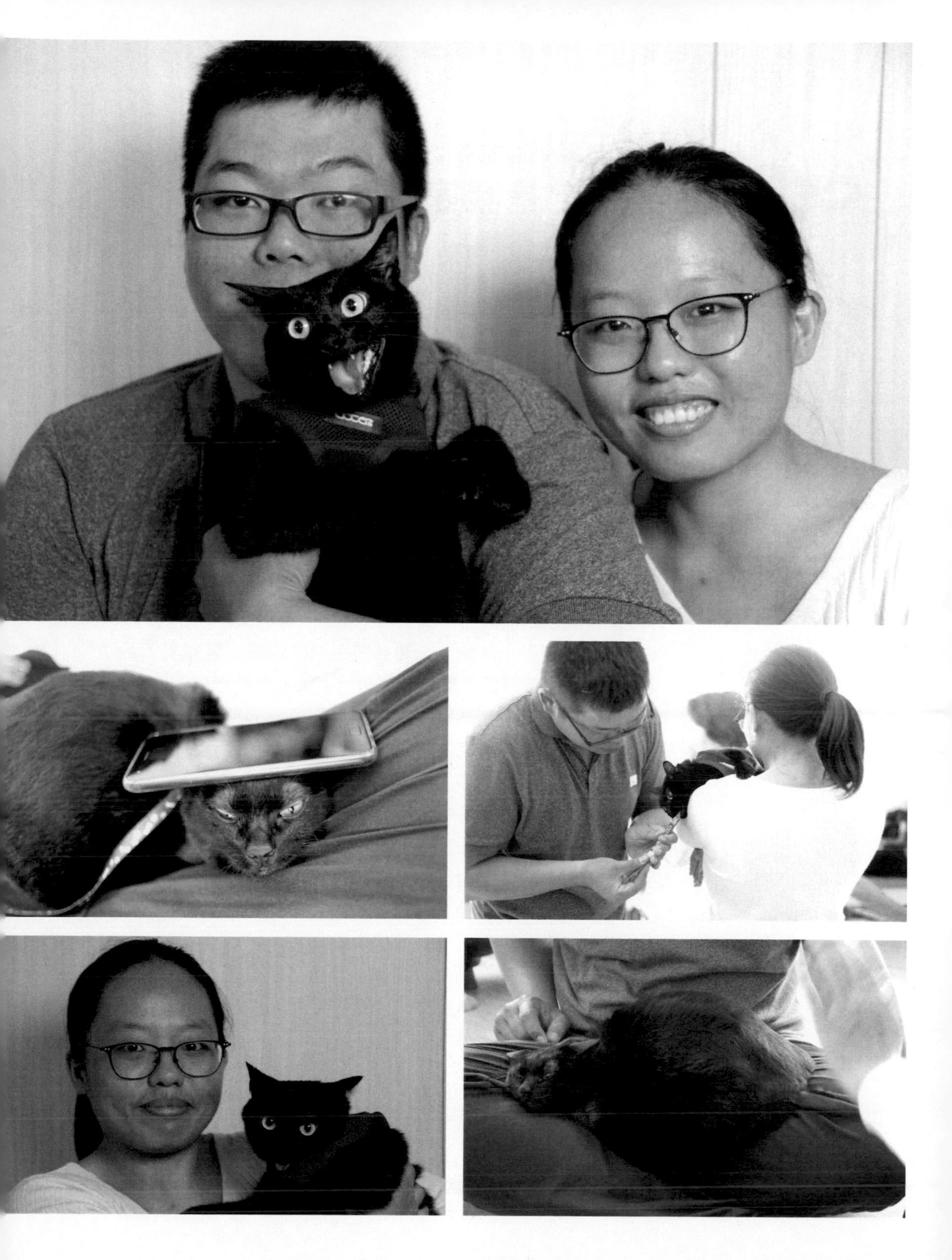

59

小黑黑 VS 艾勒芬：

注定是我家的孩子

地點：高雄
飼主：艾勒芬
黑貓基本資料：小黑黑／男生／2.5 歲／4.2 公斤

2016年4月7日出生的小黑黑，同一年9月和牠不同父、不同母的姐姐小白白一起由乾爹常溫宅配到艾勒芬的家。

小黑黑個性溫馴，總是翻肚見客，也喜歡出門散步，手推車的下層是牠的專屬座位，一種「你看不見我，但我看得見你」的概念。

小黑黑經常與姐姐吵架、打架，有一次傷到眼睛，反覆治療了半年，花了大把的醫藥費用、甚至超過3萬以上，還做了第三角膜瓣手術，不得不戴頭套。

平時，小黑黑最愛跟阿嬤到5樓頂樓澆水種菜，手術後被限制不能外出。

那天早上4點多，趁著天色還暗矇矇、阿嬤看不太清楚時，小黑黑竟然戴著頭套衝出去跳上女兒牆……

可能是卡到頭套的關係，竟然摔到隔壁的4樓屋頂，還發出碰好大一聲，嚇醒全家人……艾勒芬立刻跳下床，一邊問發生什麼事、一邊找出手電筒，但要在一片烏漆麻黑中找黑貓絕非易事。

一陣慌亂中，終於找到了，所幸沒事，躲在鄰居的屋簷下。

艾勒芬硬著頭皮吵醒最不願有任何瓜葛的鄰居，趕緊把小黑黑接回來！

那一天，艾勒芬一家都被小黑黑嚇掉了半條命，至今回想起來，仍餘悸猶存。

編後語

「黑色會＠高雄」的活動，真的可以用賓主盡歡來形容，雖然我們沒有進行什麼摸彩或是遊戲，但，看看你家的黑貓、逗逗他家的黑貓，似乎就可以讓大家回味無窮……

STAFF ONLY

黑莓 VS 皮卡中途貓屋愛心爸爸：

闖進我人生的貓天使

地點：新北市板橋區
飼主：皮卡中途貓屋愛心爸爸
黑貓基本資料：黑莓／女生／2 歲／4 公斤

2018 年 6 月，突然接獲臉友來訊，表示房客退租後留下 3 隻瘦弱的小貓在租屋處，拜託 Pika 接手照顧，其中一隻就是黑莓。

按常理論，那位房客應該從此消聲匿跡，沒想到竟然主動聯絡房東，表示想念自己的小貓。Pika 直覺他是真的關心，向房東轉達歡迎他隨時來看貓，他也真的現身了。

看起來似乎有難言之隱，Pika 跟他說不用擔心，等有能力的時候再來接貓。年輕人帶著不捨、卻又鬆了一口氣的心情離開⋯⋯

不意外的，年輕人從此失去聯絡，黑莓也就順理成章的留了下來。

以上是 Pika 中途人生當中的一個小小的縮影⋯⋯

Pika 畢業後，學以致用的進入報社工作，一晃眼 13 年過去了！

剛開始是當時的女友非常愛貓，愛屋及烏之下，跟著養貓、餵貓，也學著如何 TNR ！

住在北部的 Pika 與住在臺中的女友卻因為聚少離多，遠距離的感情無疾而終。

這樣也好，Pika 轉而把所有的心思投注在浪貓身上

但家人卻對 Pika 的豪氣完全無法接受，Pika 只好離家獨居。

那時候手上只有 3 隻貓，一間 7 坪大套房就已足夠⋯⋯卻遭到房東刁難，基於一勞永逸，Pika 乾脆租下整層 33 坪住家，沒多久，3 隻變 8 隻、8 隻變 20 隻、30 隻⋯⋯，手上照顧的貓口曾經高達 100 隻（根本不敢算）！特地從南部送貓來給 Pika 照顧的案例不勝枚舉！

貓咪一瓶主食罐等於一個便當錢，但 Pika 依舊堅持不

募款的原則，除了正職之外，Pika 到處兼職，包括出版社編輯、文編、美編、甚至到府清貓砂等等，Pika 用他的方式默默的從事救援與中途！

6 年前，輾轉接手一隻重症橘貓——帕妃，與日劇《一公升的眼淚》的女主角一樣，患上小腦萎縮症，用白話文解釋就是不治之症！只要有一絲希望，Pika 怎會輕易放棄！當時，帕妃已經不能進食了，Pika 每 3 ～ 4 個小時就得回家一趟餵食……帕妃最終不敵病魔，只與 Pika 短暫相處 20 天後還是離開了，當時的不甘心至今記憶猶新！也因為這樣，Pika 下定決心學習各種與貓咪有關的疑難雜症！

5 年來，Pika 的所作所為除了盡力協助每一隻需要照料的浪貓之外，終極目的就是希望提升一般大眾對中途呆板、墨守成規的印象，讓認養更有人性，讓更多民眾知道「認養優先於購買的意義」！

Pika 除了忙碌於照顧流浪動物之外，也積極參與重大動保案件，例如：2015 年臺大生虐殺大橘子案、2019 年 11 月石碇貨櫃貓屋案等，其中石碇一案，Pika 一人接出 4 隻急重症貓就醫，當時醫療費用就高達 6 萬元，並無募款、求援；後來，又先後帶出 7 隻貓送至其他中途之家安置送養，最遠還親送到臺中，不遺餘力！

給那些曾經短暫停留的所有貓天使：似乎無意、卻有意的闖進我的人生，只為了給我上一堂課後便轉身離開；每隻貓的出現都是有價值，牠們是中途們的孩子，也是老師，教會我們用更好、更熟稔的方式，照護下一隻生病的貓，讓牠們免於苦痛……「自己做好一件事，不難；要影響另一個人做更多好事，那才難！」

Pika 一直希望發揮影響力，幫助更多不懂貓的人愛上貓、幫助更多愛貓的人投入動保議題、幫助更多中途之家改善現況，築夢踏實，用小小的力量一步一步在建立心中的中途貓樂園！

編後語

一位貓友向我熱忱推薦 Pika，他絕對值得我拜訪，那段時間因工作繁忙，只記得信義區有一位非常專業的中途之家。有一天，我突然有事需要到信義區辦事，想起貓友的推薦，就這麼有點隨性的造訪 Pika！通常我都會事先看一下對方的臉書、做一下功課。

愉快的結束訪談後，我在回程的路上點開 Pika 的臉書，冷汗不斷的冒出……天啊，自己剛剛採訪的竟然是浪貓中途界的天王、傳奇、A 咖、偶像！

回想採訪過程，印象最深刻的莫過於 Pika 全程堆滿的笑容，一種很幸福的笑容！他是快樂的、他是滿足的！在他的世界裡，他享受人貓相知、相愛的單純美好，遇見他的貓是幸運的，得以結識他的我是榮幸的！

阿 mo VS 任展昕：

小惡魔、小天使與家人的化身

地點：新北市中和區
飼主：任展昕
黑貓基本資料：
阿 mo／男生／1 歲多／約 4～5 公斤

展昕一直想養貓，但媽媽怕有毛的小動物，只好忍著。後來看到朋友家裡養了6隻貓，當時在外地工作租屋，也沒什麼朋友，想養貓的念頭越來越強烈，於是開始上網爬送養文。

在某社團看到一隻黑嚕嚕的小可愛，詢問送養人之後才知道這隻小黑貓是在臺中潭子附近的草叢，被外勞連媽媽同四隻小貓一起撿到，直接帶回工廠養在頂樓。

小黑非常體貼，每次愛媽開罐罐的時候，小黑總是等到兄弟姐妹跟媽媽吃完才敢靠近去吃，貓媽媽似乎不是很疼愛牠，常常咬牠，在工廠頂樓的一個多月中，兄弟姐妹陸續被領養，空蕩蕩的工廠只剩下貓媽媽跟小黑，愛媽於心不忍，只好先帶回家安置等待送養。

據愛媽表示，小黑剛來的時候一直躲在角落、不敢出來，愛媽花了一個多星期的時間，小黑才敢放開一點點、稍微玩一下逗貓棒，但當展昕第一次看到小黑的時候，小黑就直接往展昕的懷裡鑽，不掙扎、也不哭鬧，展昕當然被收服了。

小黑貓一身烏 momo 的，展昕就叫牠阿 mo。

展昕帶阿 mo 去打預防針、抽血，全程安靜的完成，完全不哭鬧，護士小姐一直稱讚牠很乖。

到家第一天就非常黏展昕阿爸，黏到上個廁所一分鐘都會一直哭，晚上睡覺也要抱著才會睡著！

不得已，在徵求老闆同意後（剛好老闆也有養兩隻貓），帶著阿 mo 一起上班，就此展開 24 小時與阿 mo 形影不離的生活，阿 mo 除了睡覺時間外幾乎都是充滿活力的蹦蹦跳跳，無聊還會跑來叫阿爸陪牠玩。

經過一個月左右，展昕換了工作、開始跑外勤，沒辦法 24 小時陪伴阿 mo，且幾乎都是早出晚歸！

每天回家還沒打開房門，就聽見阿 mo 的迎賓叫聲，一打開門更是一個箭步衝過來跟展昕阿爸説話磨蹭、寸步不離……

深愛阿 mo 的展昕，捨不得阿 mo 寂寞，接連領養了白貓淑熙（日語壽司，因頭上有一撮黑毛狀似壽司）、虎斑貓 800（因領養當天發票中獎 800 元）。

讓展昕最最難忘的事就是在淑熙跟阿 mo 滿一歲帶去結紮時，阿 mo 麻醉藥打了 7 次才擺平；淑熙打了一次、而且還是一半劑量就昏睡了。獸醫表示執業二十多年以來，第一次遇到體質這麼強的貓咪！

三隻貓咪的個性

黑貓阿 mo： 黏人、愛跟阿爸撒嬌，愛玩、體力無限，很有母愛，會照顧小貓，可以不吃不喝，但一定要玩。

白貓淑熙： 貪吃、貓生最愛的事就是吃肉泥跟罐罐，怕生、膽小，喜歡被抓屁屁，喜歡鑽進棉被裡面一起睡大覺。

虎斑貓 800： 頑皮、身體跟水一樣柔軟，喜歡吸哥哥們的奶、模仿哥哥們做的事，最愛阿母，最喜歡跟阿母撒嬌。

編後語

拜訪黑貓家庭最讓我開心的莫過於黑貓願意主動親近我，阿 mo 也不例外，這讓展昕大感意外！

阿 mo 不但親近我，甚至讓我抱，這一抱，可真的把我給嚇壞了！

阿 mo 一身精實的肌肉，而且塊塊分明，完全不像家貓軟綿綿的，從頭到尾、真的布滿了大塊肌肉！後來我看到展昕與阿 mo 玩耍的情形，立馬茅塞頓開！

各種玩具應有盡有，甚至還有貓天臺！

展昕本身就是個頑皮的大男孩，加上愛玩、好動的阿 mo，父子倆簡直是一拍即合！

照目前的進度看來，阿 mo 身上的肌肉還有發展的空間，希望有機會幫肌肉 mo 辦一場見面會，讓大家開開眼界！

碳吉 VS Ann：
非常貼心的小暖男

地點：新北市中和區
飼主：Ann Chang
黑貓基本資料：
碳吉／男生／2歲多／約4～5公斤

Ann一直想養隻狗，權衡自己的工作狀況後，還是理智的放棄了。

於是開始關注貓咪的各種送養文，也填寫過無數的申請表……最後在某北部中途看到一隻三花白底虎斑，一抱在手上就睡了……這還要考慮嗎？

幽默風趣的Ann表示，不管養什麼寵物，也不管男生女生，一律都叫Boss。

也對，誰不想當Boss啊！

從事網頁設計的Ann經常得外出談案子，Boss常常獨自在家……

Ann問Boss：「幫你找弟弟妹妹陪你，好嗎？」

Boss眨眨眼。

跟中途愛媽變成好朋友的Ann聽說最近捕撈了一窩小貓，於是和朋友去看小貓，相較於Boss一抱起就睡著，小黑貓竟然在Ann身上拉屎又拉尿……這真是讓人為難啊。

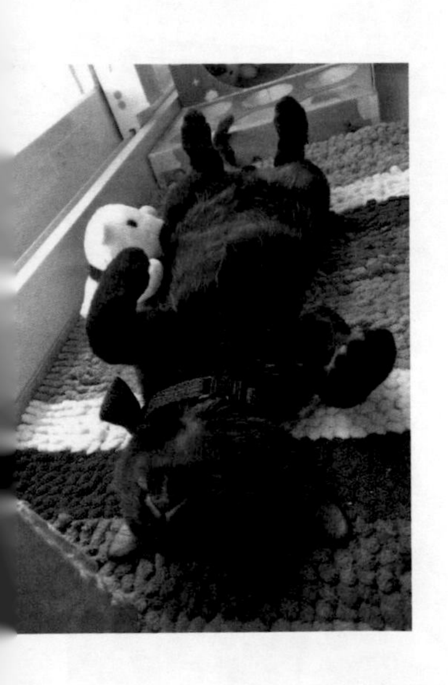

當身邊好友知道Ann想要領養第二隻貓咪時，大家竟然口徑一致的推薦黑貓。

果然！一試成主顧！

隨便拉屎尿的問題，在換貓砂後隨即就改善了。

小黑貓與Boss只在第一天對哈了幾次之後，感情好得不得了！

相較於一般飼主在為黑貓取名時，不是「黑」就是「歐」，Ann覺得應該來點不一樣的：碳的顏色也是黑，加上鼎鼎大名的魔女宅急便黑貓吉吉，碳＋吉＝臺語的賺錢，小名碳碳，很快的成為Ann生活的潤滑劑！

編後語

碳吉是一隻單純又快樂的黑貓，從碳吉幾乎秒殺眼前食物的動力來看，成為大隻佬黑貓指日可待。

Ann 認為在做好安全措施之下，貓咪應該也可以像狗狗一樣帶出門走走。為此，Ann 特別報名參加「All Cats 貓咪行為基礎班」，藉以學習帶貓咪外出的技巧，並且備齊應有的安全配備。經過幾次訓練後，碳吉越來越適應外出，也不像一般貓咪慌張、亂竄。

不怕陌生人、甚至願意讓陌生人抱在懷裡的碳吉，成為黑貓聚會的大明星。

為鼓勵喜歡黑貓的朋友、有機會親近黑貓，特別舉辦「擁抱黑貓」的活動。有一位女士帶著女兒來參加，也如願的擁抱了碳吉，留下難忘的合照。不到一星期，她興奮的表示，剛剛領養一隻黑貓，而且是一場火災中倖存的一隻小黑貓！

謝謝 Ann、謝謝碳吉。

積極 VS Sheng Yu Wang：

我們心中最柔軟的一塊黑棉襖

地點：新北市土城區
飼主：Sheng Yu Wang
黑貓基本資料：
積極／男生／3歲多／約4～5公斤

Sheng Yu Wang（以下簡稱「S」）的女朋友，在老家附近發現一隻小黑貓，可能是被母貓棄養，孤零零的。

女友說先帶回家照顧一下吧，但S說要照顧就要負責到底，因此，完全沒有飼養過貓的S當下就決定把黑貓留在身邊。

除了女友以外，還有兄弟姐妹同住在一起，四個人決定成為小黑貓的哥哥姐姐，一起撫養。所謂團結力量大，四個人相繼上網做足了功課，攜手奶貓。

S說小黑貓的活動力非常旺盛，尤其是當牠飢不擇食的找食物，那種想要活下去的積極動力，讓S至今記憶猶新。

選名字的時候，大家出了一些主意，最後剩下「社長」還有「積極」二選一，於是決定用抽籤的方式，最後還是抽到了積極（音同吉吉）。

身為黑貓積極的大哥哥不能輸給其他兄弟姐妹，報名參加貓咪行為或貓咪飼養的課程，希望更加了解貓咪。

今年年初的時候，積極突然出現慢性腸炎，一般人可能認為只是暫時性的，但S不僅僅帶去看西醫，還看中醫，也進行寵物花精療法，原來，積極的大哥哥比積極本貓更積極。

編後語

積極與碳吉是同班同學，牠們的飼主一起參加了「All Cats貓咪行為基礎班」，因為彼此都是黑貓，感覺特別親近，因而成為好朋友。

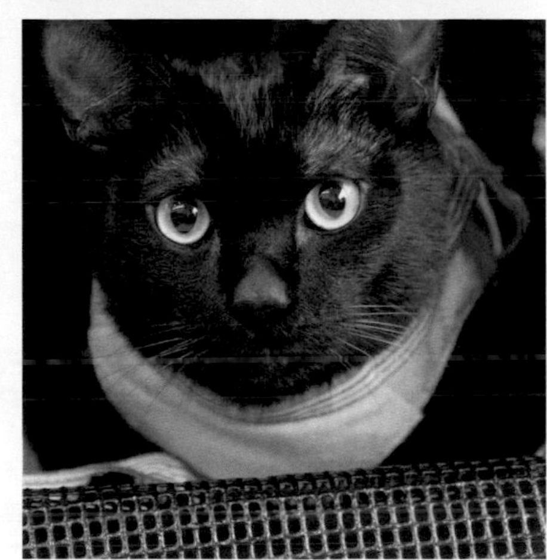

64

牛牛 VS 羅老闆：
凡是「人」都應該要有「好生之德」

地點：新北市汐止區
飼主：羅老闆
黑貓基本資料：牛牛／男生／5 歲多／約 7 公斤多

10 多年前，羅老闆退伍後就在新北市的汐止市場入口處經營平價服飾店，店一開張沒多久就跑來一隻虎斑貓，模樣可愛，老闆一看就喜歡，雖然是個素人，卻決定好好研究如何養貓。

無心的決定讓他至今坐擁 8 隻貓咪……

5 年多前，附近出現一隻大腹便便的黑色母貓，老闆收留了牠，母貓卻在小貓出生幾天後，疑似誤食老鼠藥死了……留下 4 隻嗷嗷待哺的小貓，老闆只好開始研究如何奶貓。

4 隻小貓頭好壯壯，也順利找到領養人，老闆充滿了成就感。

送養後過了一年多，得知其中一位女性飼主因病過世，老闆前往關心，男主人卻表示：「不養貓了，如果收容所不來抓，就丟到外面去。」

老闆忍住怒火，馬上回店裡面拿外出籠，立刻把黑貓帶走。接回來之後，才想起忘了問叫什麼名字。

仔細觀察之後，黑貓身壯如牛，索性就取名為「牛牛」。

牛牛雖然親人，卻與其他貓咪有相處上的問題……

還好，老闆有 2 間店，老闆把 7 隻貓全數移送至對面，牛牛 1：7 大勝，獨自占領一家店！

編後語

牛牛真的是貓如其名，與一般家貓鬆垮垮的肥肉相比，牛牛真的結實的像一頭牛！雖然身軀龐大，卻身輕如燕的穿梭在層架、倉庫、展示區之間，來去自如。

5 隻黑貓 VS 杜酸：
讓我變得更勇敢，人生更完整

地點：新北市汐止區
飼主：杜酸
黑貓基本資料：
1. 黑妹妹／女生／2 歲多／5 公斤
2. 大吉／男生／1.5 歲／6.1 公斤
3. 大利／男生／1.5 歲／6 公斤

杜酸的黑貓緣來自於「奶奶」。

逢年過節，杜酸一家人都會去奶奶家玩。這一年，奶奶家卻多出了一位不速之客，完全沒有飼養過小動物的一家人，全都被非常親人的黑貓喵喵給迷住了。

好景不常，奶奶三年前過世了，近親們全都搬到外地，老家沒人住了，喵喵怎麼辦？

杜酸擲筊問奶奶，可以把喵喵帶走嗎？可以留在我身邊，讓我照顧嗎？

奶奶怎會拒絕呢？

當時，杜酸因工作關係，無法立即帶走，只得拜託鄰居暫時照顧。

一個月後，回老家迎接卻不見喵喵蹤影？

鄰居說可能只是一時貪玩，等會兒應該就會回來。

可是，左等右等，喵喵呢？

因同行的朋友有事必須離去，無法一直等下去，一行人意興闌珊的駕車到了路口。

「能不能再給我一次機會，我們掉過頭再回去看一次，如果看不到任何貓影，就算了。」

杜酸心裡祈禱著，喵喵出來吧，讓我帶你去新家，我會像奶奶那樣的照顧你……

杜酸一進院子，喵喵就在門邊！

杜酸繼承奶奶的遺志，正式成為貓奴。

當時，杜酸獨自在外地工作，親人的喵喵成為生活上、精神上最大的依靠，杜酸也因此開始深入學習貓咪的大小事，了解得越多、越難以置信，黑貓的領養率竟然這麼低……

偶然得知一位愛媽經手了一窩奶貓時，阿莎力的預約了其中 2 隻黑貓。

沉浸在迎接新成員哥哥黑嚕、妹妹黑妹的喜悅之際，喵喵竟然無預警的出現腎衰竭現象！

確定獸醫已經束手無策之後，勇敢的杜酸決定讓喵喵安詳的、在自己的身邊，走完最後一段路。但就在喵喵成為天使不到 3 個星期，哥哥黑嚕因腹膜炎說走就走了。

同一個月送走 2 隻貓，生命怎可如此的無常……

所幸，黑妹妹頭好壯壯，一時之間失去了大姐姐喵喵哥哥，黑妹妹更加的親近杜酸。儘管感到妹妹非常落寞，杜酸卻不敢輕易的為妹妹找貓伴，雖然偶爾會上網看看領養訊息。

杜酸的目標清楚且單一，只要黑貓。

人在臺中工作，自然以地緣為主，也主動發出訊息，也不介意成貓或小貓，但就是沒有看到與自己有緣分的黑貓。

好友傳來訊息，臺北東區有三隻小貓都是黑貓。杜酸一眼就愛上其中戴著黃色項圈的小黑貓，趁著回臺北辦事特別過去看一下。

不妙，晚了一步，「小黃」已經被領養帶走了。

剩下的 2 隻，愛媽希望盡可能不要分開，因為彼此很黏……

杜酸有些掙扎，原本只想 1 隻……各種顧慮在腦海裡交雜著。

但，心裡卻一直掛念這 2 隻小黑貓。

確定愛媽已經做好所有的檢查之後，愛媽甚至願意親自帶去臺中「面交」。

就這樣，堅持始終如一、只養黑貓的杜酸，正式迎接黑色兄弟倆成為一家人！

既然大家認為黑貓不吉利，就叫你們大吉大利。

大吉大利沒讓杜酸失望，一年內的體重雙雙直線飆破 6 公斤！

編後語

個子嬌小的杜酸擁有一張非常上鏡的臉蛋，我非常喜歡她自己拍的黑貓合照，只可惜黑貓們太害羞了，杜媽媽也看不下去了，不斷的親情喊話「快～出～來～」，最後鎩羽而歸。

KIKI VS 聆芳：

最特別的朋友

地點：臺北市文山區
飼主：徐聆芳
黑貓基本資料：
KIKI／男生／不到 1 歲／約 4 公斤多

聆芳的姐姐去年路經羅東夜市，看到送養活動，好似被一股力量牽動著，姐姐就這麼帶回了一隻小黑貓。

小黑貓健康欠佳，沒幾天就住進加護病房，差一點小命不保……

姐姐工作忙碌，拜託聆芳務必去醫院看牠。

就算姐姐不說，聆芳也會主動關心，聆芳對這隻小黑貓有種特別的情感。這種特別的情感讓聆芳凡事親力親為，學習用針筒餵水、餵藥，將貓糧磨碎餵食。

細心照料下，小黑貓漸漸的恢復健康！

聆芳跟牠說話時，感覺牠都聽得懂，決定叫牠 KIKI。

果然，比起姐姐，KIKI 更親近聆芳。

最親近的家人——外公

在 KIKI 成為家人前不久，聆芳的外公過世了。發生意外的時候，只有聆芳和外籍看護在家，外公走出浴室的時候，可能是臺階沒踩好，直接後腦著地，浴室整片都是外公的鮮血，外籍的尖叫和哭聲，永生難忘，這一天剛好是 9 月 21 日。

隨即送到萬芳醫院急救插管，2 天後撒手人寰，高壽 88 歲。

聆芳的外公是貴州人，國軍撤退時跟著來到臺灣，結識外婆後結婚，生了三個小孩，聆芳的媽媽是長女。

聆芳的高中三年是跟外公住的，外公是聆芳最尊敬的長輩。

聆芳不愛念書，外公為鼓勵聆芳學習，只要拿一張獎狀就可以換 1000 塊，聆芳從此開始認真讀書。外公也是聆芳的最佳聽眾、心理醫師，只要向外公傾訴，彷彿所有

的煩惱都會煙消雲散。

曾經在黃埔軍校教書的外公，是一位中規中矩的老軍人。每天五點準時起床，幫孫女準備早餐，放學後回到家，餐桌上一定會有熱騰騰的晚餐，聆芳特別想念外公做的菜。

外公派來的守護貓

聆芳是個非常怕黑的膽小鬼，以前，聆芳的媽媽每個禮拜都會固定出差 2 天，媽媽出差前會讓聆芳緊張，甚至睡不著，自從 KIKI 來了之後，聆芳不再害怕了。

KIKI 不喜歡給人抱，可是，每當聆芳傷心難過、不知不覺的抱著 KIKI 哭、眼淚甚至掉到 KIKI 身上，KIKI 竟然就這麼默默的陪在一旁。

感謝外公派 KIKI 來，陪伴聆芳度過失去摯愛親人的悲痛時期。

編後語

因為工作的關係，日前陪同日本某連鎖長照機構，參訪位於臺北文山區的「重建樂活護理之家」，在臺日雙方交流中，發現機構負責人譚女士女兒徐聆芳手機螢幕是一隻黑貓，原來也是黑貓飼主，於是安排這次的採訪。

採訪當天，湊巧又有參訪團，竟然是對岸的長照博士來取經。

這是黑貓家庭的驕傲、臺灣的驕傲！

每麥＆歐麥 VS Angel Bao：

現在的我們，是為了你們而存在

地點：新北市新莊區
飼主：Angel Bao
黑貓基本資料：
1. 每麥／男生／4 歲多／約 5 公斤
2. 歐麥／男生／2 歲多／約 4.5 公斤

Angel 住家附近的浪貓生了小貓，帶去動物醫院結紮後，獸醫表示這隻小黑貓太兇了，不適合居家飼養。

有一天，Angel 看到小黑貓喝花盆裡的髒水時，一陣心疼，趕緊找來朋友幫忙誘捕。這是 Angel 的第一隻貓，牠是黑貓。

Angel 已有一隻 14 歲的可愛狗狗麥麥，希望小黑貓像麥麥一樣頭好壯壯又長壽，同時建立偉大的麥氏家族，小黑貓被取名為每麥（中文：不錯）。

Angel 的朋友是一位愛媽，聽說有 2 隻貓送養，一隻虎斑、一隻黑貓，虎斑早就被預訂了，黑貓卻乏人問津。

Angel 再次感到不捨、心疼，黑貓明明這麼可愛……

於是，麥氏家族又有新的成員了，這次是歐麥。

Angel 夫妻兩在每麥、歐麥先後成為家庭成員後，兩人本就纖細的個性、更加的柔軟，除了更關注身邊事物，也會用同理心去看待、尊重每一個生命的個體。

每麥、歐麥是凝聚一家人的潤滑劑，下了班，只想趕快回家陪貓，與家人聊聊一天當中發生的大小事。

即使只是靜靜地躺在旁邊，每麥、歐麥不知不覺的改變著這一家人。

編後語

Angel 是業餘插畫家，她用畫筆記錄生活、收集生活中的美好，讓回憶、溫暖的感覺留在畫裡。Angel 偏好繪畫傳統店家、建築物的外觀；筆觸工整、溫暖，充滿童趣；其中一幅油畫作品「把最愛的都留在畫裡，黑貓、文心蘭與家的溫度」，獲得日本極高的評價，入選 2019 年 8 月東京黑貓展的作品之一。

歐麥

每麥

黑寶 VS 澄閑：
最搗蛋的黑天使

地點：臺北市萬華區
飼主：黃澄閑
黑貓基本資料：
黑寶／男生／2 歲多／5 公斤多

2 年多前，飼養了 17 年的花貓過世後，澄閑一直想要再續貓緣，一日愛貓人、終身愛貓魂啊！

沒想到弟弟動作比較快，在中和收容所發現一隻黑貓的送養資料後，馬上帶黃媽媽去看貓。

70 歲的黃媽媽回憶當時：「一看就好喜歡，很開心，『歐色』ㄟ內，很珍貴咧！」

才開眼 2 個星期，全家人把這個黑色寶貝視同掌上明珠的疼愛，冬天甚至捨不得讓牠喝冷水，一定先把開水略微加溫後再伺候。

所以，牠叫黑寶。

這一寵，黑寶變成黃家的戶長。連體積比牠大的黑狗黑黑，也不敢在黑寶面前造次，每天只能在夾縫中求生存。

自從黑寶來了之後，澄閑家裡另外 8 隻烏龜躲在烏龜殼裡的時間越來越多了。

澄閑與黃媽媽忍不住開始訴說黑寶的罪狀……

唉，「家暴事件何其多，唯獨黑貓可免責啊。」

編後語

黃澄閑是 2019 年日本黑貓展入選油畫作品的畫家之一，科班出身的澄閑創作類型涵蓋書畫水墨、裝置、行為與表演藝術……等。

今年 4 月著手創作的「月光 La Luna」，原本只有夜色、樹林，最後加上回眸的黑貓，畫作意境的解讀可能因人而異，澄閑希望所有的毛孩都能夠開開心心地過完一生，好好的回到光裡去，以此紀念曾經存在生命裡的所有毛小孩們。

皮蛋 VS 蛋爸 & 蛋媽：
消弭冷戰的最佳潤滑劑

地點：桃園市蘆竹區
飼主：James Lin
黑貓基本資料：
1. 鐵蛋／男生／4 歲／3 公斤
2. 皮蛋／男生／10 歲／8.9 公斤

2011 年 5 月 11 日，James Lin 與太太（以下稱為蛋爸、蛋媽）一如往常的提著垃圾站在清運點等候垃圾車，當垃圾車的車斗緩緩打開時，夫妻倆不約而同瞥見一包垃圾袋即將被丟進堆滿垃圾的車斗裡面，袋子裡面有「東西」蠕動著……

蛋爸感覺有異樣，當下伸手攔截，「既然你不要，給我。」打開袋子，只見 2 隻髒兮兮的小黑貓蜷縮在一起。

兩人發揮過去養狗的經驗，七手八腳的清理、張羅吃喝。

看起來可能還不到 1 個月，所幸沒有外傷，其中一隻黑貓的眼睛略微沾黏。

夫妻兩人過去不曾飼養過貓，竟然很有默契的沒有討論是不是應該送去哪個單位，還是去問身邊親朋好友有沒有人要養貓，夫妻倆完全沉浸在該如何照顧好這一對小兄弟的錯綜複雜情緒之中！

當時的蛋爸、蛋媽萬萬沒想到，一個單純的起心動念，千鈞一髮之際救下的 2 個小生命，竟然把陷入人生谷底的夫妻倆逐漸導向正軌，甚至帶來生命的躍動力！

距今 9 年前，夫妻倆在桃園經營的火鍋店無論如何的認真經營，生意一直沒有起色，連帶著導致婚姻生活也跟著觸礁……

2 隻小黑貓突然闖進蛋爸、蛋媽的生命裡，暫時把兩人抽離一片混亂無措的生活，每天的對話不再只是柴米油鹽，看著兄弟倆玩耍、用力吃下每一口食物成為兩人最簡單的幸福。

簡單的兩個人，也簡單的為兄弟倆取名為鐵蛋、皮蛋。

就在兩人越來越適應成為鐵蛋、皮蛋的爸媽之後，火鍋店的生意不再門可羅雀，夫妻的感情更找回當時的溫度！

然而，人生的試煉總在沒有防備下無聲無息的出現，

鐵蛋突然後肢癱瘓！

小診所的獸醫建議送往大醫院接受精密檢查，但即使查出病因，治癒的希望渺茫！

夫妻倆決定陪鐵蛋一起面對難關，蛋媽負責清理鐵蛋四處排放的屎尿、蛋爸負責為鐵蛋按摩、復健……有時累到睡著，雙手仍下意識的反覆為鐵蛋的後肢拉直、抬起！

即使癱瘓，鐵蛋的雙眼卻炯炯有神，蛋媽只要看到鐵蛋，一天的辛勞幾乎是瞬間獲得療癒，蛋媽也因此對鐵蛋憐愛有加。

大約半年後，奇蹟之神降臨了，在沒有任何醫療介入下、就在屆滿一歲前，鐵蛋戲劇般的站起來、後肢竟然恢復正常了！

夫妻倆越是珍惜成為家人的鐵蛋、皮蛋，就越賣力的工作，鐵蛋的健康卻在餐廳生意漸入佳境之際急轉直下！

沉重的工作量讓兩人忽略了原本體質脆弱的鐵蛋，等到查出是「腸阻塞」時，黃疸指數已經高到獸醫建議放棄！

2015 年 10 月 20 日這一天，鐵蛋與世長辭。

無法原諒自已、或者自己身心靈的一部分被掏空、跟著鐵蛋走了……

深陷悲傷情緒、自責不已的蛋媽倒下了！

好友不捨，找來通靈師父解惑，完全不知情的師父一開口就說：「有隻黑貓在你旁邊……」

蛋媽瞬間淚如雨下，心中忍不住吶喊：「鐵蛋，原諒我，媽咪真的很愛你、捨不得你離開我……」

鐵蛋藉由通靈師父轉達：「媽咪，謝謝妳照顧我，我很愛妳、愛把拔，謝謝你們，妳不要再難過了，皮蛋需要爸媽……」

收起淚水、收起悲傷，蛋媽決定好好的道別，把鐵蛋的身影留在心中的角落，把對鐵蛋深深的愛給予牠一起死裡逃生、唯一的親兄弟皮蛋。

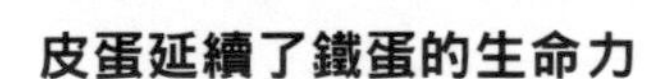

皮蛋延續了鐵蛋的生命力

皮蛋沒讓鐵蛋或爸媽失望，個性淡定、又大喇喇的，吃飽就睡、睡醒就吃，雖然很大一隻（媽媽堅持沒有超過 9 公斤），卻很愛撒嬌，只要人一坐在沙發上，就立即黏在身上，像水蛭那樣……

鐵蛋、皮蛋兄弟倆啟動了蛋爸、蛋媽的愛貓魂，家裡、店裡相繼陸續收編了多隻幼貓、浪貓。與其說貓咪報恩，蛋爸、蛋媽更感謝鐵蛋、皮蛋兄弟倆豐富了他們的生活，生命更具意義！

編 後 語

這次的採訪等了 2 年！ 2 年前的邀約之所以被婉拒，原來是 James 擔心提及鐵蛋，會影響到蛋媽的情緒，而我只記得他們從垃圾車救了皮蛋，完全沒想到真正的主角是已經成為小天使的鐵蛋。

如果蛋爸、蛋媽的故事觸動任何一個人，進而領養了黑貓，鐵蛋短暫的貓生更加具有意義，絕對值得 2 年的等待！

QQ VS COCO：會叫我媽媽的小兒子

地點：臺中市南區
飼主：COCO TSAI
黑貓基本資料：QQ／男生／4 歲多／5 公斤

4 年多前，COCO 的大姐在屏東軍中受訓，某天被指派去清理倉庫，在搬動一疊木頭時（很大很重那種），發現一窩小貓，共三隻（兩隻虎斑、一隻黑貓）。

當時尚未開眼，嗷嗷待哺。大姐見狀，連忙找來紙箱、放了一堆毛巾為小貓保暖。

有人通報長官，徵詢該如何處理。結果，得到的答案竟是想辦法送出去，不然就要活活把牠們埋掉……

大姐一慌，急忙跟同寢室幾個同袍姐妹，七手八腳的把貓咪們藏到走道盡頭的公共廁所邊間！

但是，小貓因為肚子餓，拼命的喵喵叫，趕緊拜託外出的學姐買牛奶及注射筒回來（因為地處偏僻，只能在小七買到保久乳），沒人有養貓經驗，就這樣瞎弄了幾天，終於放假要回臺中了。

按照慣例，都是 COCO 帶著妹妹開車去接大姐，大姐什麼話都沒說，一上車就先塞給 COCO 一個紙箱！這真是個大驚喜啊！

還記得當天是假日，沒時間細問，抱著紙箱開始到處找動物醫院（在此之前，COCO 毫無養貓經驗）。

終於找到例假日營業的動物醫院，獸醫一邊聽取大姐簡單的說明緣由，一邊進行一些基本的診察後，答案顯然不太樂觀。

首先是其中最大的一隻虎斑大姐，腳受傷了，傷口不小，大姐說應該是搬動木頭壓傷的。

根據獸醫的解釋，貓咪太小、尚未開眼，估計只有一週大左右，存活率不高，簡單的進行體外驅蟲後，示意已完成診療行為，姐妹們一臉錯愕。

COCO 不放棄，上網詢問懂貓的朋友，有人推薦某動物醫院，趕緊電話聯絡後飛奔而去。所幸這位林醫師非常

NICE，給貓咪上完藥之後，耐心地指導 COCO 如何照顧。

於是，展開了 COCO 的奶貓日常……

同一胎共三個姐弟，分別取名為果凍、布丁、QQ。

黑貓 QQ 應該是老么，狀況也不是很好，因為是最小的，所以食量一直都不大，黑黑小小，毛稀稀疏疏，就像小老鼠！

熬過漫長的一個多月後，陸續開眼，食量慢慢變大，也長肉肉了。

林醫師終於宣告三隻屁孩度過危險期了！（開心灑花）

回想起來，至今已 4 年多了，QQ 從小是個愛咬咬的貓，想要吸引人注意，就會來找 COCO 咬手咬腳的。

可是，牠也是脾氣很好的貓，無論如何的嬰兒抱或揉牠，都不會生氣。

某天在房門外想進來，竟然突然開口叫了聲「媽媽」，驚奇到讓 COCO 瞬間驚醒，甚至從床上跳了起來！

從此之後，只要聽到牠叫「媽媽」，就表示牠想進房門或出房門！

QQ 是家裡彈跳力最好的男生，跑起來身形真的很像一隻黑豹，玩逗貓棒會有狩獵的動作，超級帥！

現在家裡已經五隻貓咪了，第四隻橘白貓是向醫院領養的，第五隻全橘虎斑是自己救援的，外面餵養孩子有六隻，每隻都是自己的心頭肉。

永遠支持領養不棄養！

編後語

又是美女與黑貓的組合！雖說女性飼養貓咪的比例高於男性，但黑貓飼主們真的是美女如雲，想當年……

KIKI VS 老闆：

再也找不到比妳更天使的貓了！

地點：新北市淡水區
飼主：伊采 Hair Salon（淡水）
黑貓基本資料：KIKI ／女生／ 2 歲／ 5.5 公斤

朋友撿到一隻懷孕的母貓，幾天後，母貓生出了 6 隻小貓，兄弟姐妹之間好似事先約定，誰都不准摻色或混色，一律「黑到底」！

老闆聞訊前往關心，儘管前一刻還在猶豫自己是否真的想要飼養貓。

望著眼前 6 隻小小黑貓，根本無法分辨誰是誰，老闆只好輕輕的問一聲：「誰要跟我走？」

只見一隻小黑貓拖著還不夠健壯的身體，慢慢的、「深情的」爬向老闆的身邊……

有人建議取名美少女戰士裡面的 LUNA，也有人建議 KIKI，老闆覺得 LUNA 名字有酒店小姐的味道（LUNA 的飼主不要罵他喔），最後選的當然就是 KIKI。

老闆多數時間都在髮廊工作，因此，KIKI 順理成章的成為店貓！

KIKI 是老闆人生的第一隻貓，喔，不，正確來說，應該是前世情人，今生再續前緣！

KIKI 是一隻深情的黑貓，深深的愛上老闆，老闆的妹妹用「幾近於噁心」的程度來形容 KIKI 的撒嬌程度！

KIKI 甚至很變態的偏好「體味」與「小鮮肉」！

請想像一下：好幾天沒洗澡，加上剛打完一場籃球、全身都是汗臭味的高中男生。只要有這一類客人上門，KIKI 絕對極其之所能的賣萌……難道說，有異性沒貓性？

或許當初應該取名為 LUNA ！

老闆在當地經營髮廊已經 8 年了，髮廊產業競爭激烈，親切、平易近人的老闆用「交朋友」的方式為自己贏得好口碑，下次到淡水玩時，不妨到伊采髮廊，讓老闆幫你設計造型，順便聊聊黑貓經。

編後語

個性溫暖，陽光的老闆實在看不出已經 40 歲了！早已屆適婚年齡，身邊卻一直沒有出現適合的對象，特別私心在此為老闆徵婚！

老闆開出唯一的條件：愛漂亮。

經營髮廊，不愛漂亮是不可能的，歡迎單身的女性朋友勇敢追愛，一起建立溫馨的黑貓家庭生活！

KURO VS 阿公：

頭號金孫

地點：新北市樹林區
飼主：陳阿公
黑貓基本資料：KURO／男生／5歲／7公斤

阿公最小的兒子當兵時，在營區的樹上發現一隻黑貓，剛好手上拿著便當，只見黑貓喵視眈眈的看著食物，阿兵哥下意識地叫了一聲KURO，沒想到，黑貓乾脆從樹上跳下來討吃，從此以後，阿兵哥就被纏上了。

106年1月4日，陳家終於迎來「長孫」！

阿公的老家早期經營海產店，有一隻小黑貓固定上門光顧，而且長達5年，因此，阿公對貓絲毫不陌生！

可是，初來乍到的KURO，根本不理阿公，甚至躲得遠遠的，讓阿公百思不得其解。後來好幾次注意到，只要阿公在佛桌點香，KURO就跑去其他房間。難道KURO討厭煙的味道，包括燃香的煙和抽菸的煙？

菸齡超過40年，這輩子從來沒想過「戒菸」這檔事的阿公，開始認真思考如何戒菸。首先，減少抽菸的次數吧？可是，再怎麼少抽菸，身上還是有菸味啊，好吧，那改抽電子菸⋯⋯

查埔郎要卡有氣魄，拖拖拉拉的太不乾脆了，要戒就澈底的戒吧！

40年的老菸槍阿公為了心愛的金孫黑貓KURO澈底的戒菸了！

阿公與KURO之間，遲遲難以親近的最後一道障礙終於排除了！

雖然不是啣著金湯匙出生，KURO從3公斤，一路發展到7公斤，可見阿公阿嬤極其呵護與照顧！

不再有菸味的阿公與KURO簡直形影不離：其他家人外出返家，KURO毫不關心，當阿公開門、尚未進入屋內，KURO早已一個箭步等在門邊；阿公坐在哪裡、KURO一定坐在阿公身邊。那睡覺呢？

每當阿嬤早點進臥房就寢休息時。「等下KURO就

快進來了，妳還不趕快去隔壁房間……」

結縭 30 年共甘苦的牽手，敗；3 年的黑色金孫，勝！

大老婆地位逐漸式微的阿嬤心甘情願的伺候金孫，連出門也一定「乖乖的」向 KURO 報備。專屬櫥櫃存放零食、點心；和鄰居的話題從柴米油鹽，變成夫妻倆與黑貓 KURO 的生活插曲！

編後語

如果有人找黑編拍黑貓廣告，一定推薦陳家阿公阿嬤當代言人，兩老眼中散發對KURO的疼愛，簡直媲美高壓電，路過都會被電到吱吱叫！

話說那個最初被 KURO 欽點的阿兵哥，現在早已晉升為上士班長。

本人雖沒有特別表示，隱約中可以感覺到他把黑貓 KURO 帶回家這件事，應該是他除了結婚生子以外，最盡孝道的美德了，哈哈！

小黑＆伊布 VS 董布：

如果貓咪真有 9 條命，小黑與伊布已經把牠們的 8 條命全給了我

地點：屏東
飼主：董布
黑貓基本資料：
1. 小黑／1.5 歲／男生／約 5 公斤
2. 伊布／1 歲／女生／約 4 公斤

某日，朋友捎來信息，屏東市內一起突發的車禍意外，導致一窩小貓全都往生了，只剩一隻小黑貓⋯⋯

董布當下立即表示想要照顧小黑貓的意願，朋友當然樂見其成，輾轉介紹後，董布隨即把孤苦伶仃的小黑貓帶回家了，也實現董布多年來想要飼養黑貓的夢想，小黑與董布成了一家人。

長期受焦慮症所苦的董布，孤獨的感受如影隨形，因此對於讓小黑經常獨自在家而耿耿於懷。應該讓小黑有個同伴、社會化⋯⋯

於是，董布開始積極上網搜尋。

因緣際會之下，透過臉書粉專「黑貓行動」分享南部某中途之家的送養文，經過填表、愛媽家訪後，順利領養了第 2 隻黑貓，取名為伊布。

小黑與伊布，2 隻黑貓歷經磨合期之後，各擁一片地盤、和平相處。

董布是一位知名插畫家，從事創意工作、且生性敏感，在陷入思考窘境的時候或者面臨撞牆期的時候，一旦引發焦慮症，總是痛不欲生。

自從生活中有了小黑與伊布溫暖的守候，董布日趨成熟穩重，2 隻黑貓成為董布在異鄉打拼的精神支柱！

每當陷入沮喪絕望的困境中無法走出、甚至想要放棄人生的時候，小黑與伊布給了董布無形的溫暖與勇氣，讓董布得以逐步的順利克服困境。

編後語

董布個人的「碳布」粉絲團超過 11 萬人次，完全不需要到其他社團「取暖」的他，竟然願意接受採訪，一股惜才的喜悅久久無法自已，由此可見其對黑貓的疼愛！

龍龍 VS 熊媽：

飼養黑貓為平凡生活帶來小確幸！

地點：屏東
飼主：熊媽
黑貓基本資料：龍龍／2歲／男生／5公斤

聽說臺北貓友家有黑貓要送養，熊媽只提出了2個條件：不怕狗、不抓紗窗。愛媽保證絕對符合條件後，當晚便舉行家庭會議，女兒愛黑色、兒子愛貓、老公反對也沒用的無異議一致通過！

第2天便風塵僕僕的從屏東趕到臺北，把生平的第一隻黑貓——龍龍帶回家中，從此成為家中不可欠缺的一份子！

龍龍剛到新家時，因陌生環境而害怕，熊媽一家人知道必須給予龍龍安全感，大家都非常有默契的、遠遠的守候著。

躲在廚櫃上面大半天之後，龍龍似乎已漸漸感到安心，很快的便融入這像世外桃源般的鄉居生活。

拍攝時，小小男主人剛好有朋友來玩，也不見龍龍四處逃竄，老神在在的享受飼主獻上的鮮食，可見得平時的生活呵護備至！

編後語

這是一個任何人都會羨慕的居住環境，四周綠意盎然、空氣中彌漫著土壤的溫馨芳香，挑高的空間、充滿人文氣息，難怪黑貓龍龍被養得如此玉樹臨風……

MIGO VS 捲捲：

療癒心靈的所在

地點：高雄市左營區
飼主：捲捲
黑貓基本資料：
MIGO／7～8個月／男生／4公斤

一直都想養黑貓。

有一天與男友看完電影，適逢台鋁市集正在舉行送養會，抱著朝聖之心進入市集。

只逛了一圈，就已經發現黑貓MIGO，但它旁邊一直有人，以為已經被領養……

走出市集後，心卻一直留在那隻黑貓身上，終於忍不住提起勇氣詢問工作人員。

——還好，原來你也在等我……

捲捲認為MIGO個性像小狗，是個吃貨，還好不挑食，親人又親貓。每次回到家，一打開門，永遠都是MIGO等在門邊！

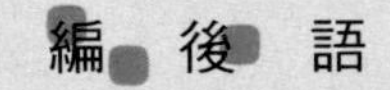

編後語

飼主捲捲和一群愛貓人士共同租房，任何人只要突然有事，完全不用擔心貓咪沒人照顧，這真的讓單獨居住的飼主羨慕不已！

駱狸 VS 葉駱冰：

應該是前一隻貓「ㄇㄇ」冥冥之中安排的前世緣分

地點：高雄市
飼主：葉駱冰
黑貓基本資料：駱狸／3歲／男生／6公斤

平時是個專業的計程車司機、也是友善動物車隊隊員之一的葉駱冰，在前一隻貓過世的頭七路經動物醫院，本來只想遞名片做做公關，卻一眼就發現被關在籠子裡的小黑貓！

根據醫院裡的工作人員描述，小黑貓的兄弟姐妹早已經逐一順利的送養，只剩下小黑貓，大家都不抱任何希望。

既膽小、又不讓任何人親近的小黑貓，沒想到葉駱冰伸手摸一摸頭、出聲輕喚，就這麼把駱狸給叫來了，醫院的人都驚訝不已！

於是，駱狸就這麼順理成章的進入葉駱冰的生活！

之所以取名為駱狸，除了葉駱冰本名當中有個「駱」之外，仔細一瞧黑貓，還真像隻狐狸耶！

駱狸毫無生活適應上的問題，彷彿牠一直就住在這裡，貼心又獨立，一叫就過來，像個小孩子跟前跟後的，讓葉駱冰憐愛不已！

編後語

飼主與黑貓能夠一起外出表示雙方堅定的信賴關係，只要做好妥善的安全措施，到處趴趴走絕對有益雙方的身心！

芝麻 VS Anna：
牠懂我！

地點：高雄市
飼主：ANNA
黑貓基本資料：芝麻／1歲多／男生／4公斤多

一年多前的颱風天，一隻黑貓鑽進朋友家的車子底下，朋友家不准養貓，只好詢問好友Anna要不要接手……

不假思索的Anna，風塵僕僕的從高雄到臺中把芝麻帶回家！

生活環境突然改變，讓芝麻無法一下子適應，變得很兇、完全無法親近。但Anna的心意堅定不移，她願意等下去。

Anna是香港僑生，獨自在臺灣生活了3年多。有一天考試完回到家，一直為考試結果耿耿於懷的Anna，終於忍不住情緒而放聲大哭了起來。

沒想到芝麻默默的靠近自己的身邊，還把手搭在Anna的膝蓋上，彷彿安慰著Anna，沒事的，我在妳旁邊！

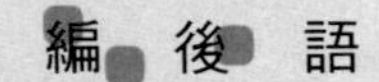

編後語

Anna是僑生，非常清楚租屋之苦，尤其是有養寵物時更難。於是Anna與朋友共同租下一整層，承租人皆以養貓人士為優先，立意良善，給予最大的肯定！

狡蜜 VS Lera：

如智者般的狡蜜，從精神上引領著我，讓我更成熟、更勇敢！

地點：高雄市苓雅區
飼主：Lera Shine
黑貓基本資料：狡蜜／4歲多／女生／4公斤多

Lera本來對貓沒什麼好感，好友撿到貓、成為貓奴後，Lera才開始有機會接觸到貓，也跟著喜歡上這迷人的小東西。

老家在臺北的Lera，為了學習獨立、挑戰自我，獨自一人搬到了大老遠的高雄。

展開自力更生的生活後，Lera心裡面有個小小聲音不斷出現……養一隻貓！

某日，在貓版PTT注意到一篇送養文，從照片中的情景可看出一隻黑貓在臺南街上流浪，照片中的黑貓看起來又溼又冷、整個身體捲縮在攤販的餐車裡面，一陣心酸的Lera，當下被這隻黑貓給深深的觸動了。

讓我給妳一個家，喔，不，有了妳，我一定會更完整。

和送養人約好在高雄後站交接，一進入前站的Lera就聽到強而有力的貓叫聲，Lera往前飛奔，一人一貓終於找到彼此的依歸了！

這是Lera生命中的第一隻貓，一隻黑貓！

取名叫狡蜜，因她冰雪聰明又善解人意，不僅如此，一直找不到滿意工作的Lera，在狡蜜成為家人的第3天，就有公司主動登門求才，而且條件完全符合Lera的期待！

編後語

每一隻黑貓都帶著與生俱來的使命來到人世間尋找靈魂伙伴，美麗又充滿才華的Lera與黑貓狡蜜因緣際會成了生命共同體！

阿勇 VS Jona Chen：

多了一份甜美的負擔，口袋變淺了，心靈卻更飽滿了

地點：高雄市大寮區
飼主：Jona Chen
黑貓基本資料：恰勇（小名阿勇）／男生／1 歲 10 個月／約 5 公斤

Jona 是一位狗場志工，有一天狗場裡突然跑來一隻母貓，準備要 TNR（Trap 捕捉－ Neuter 結紮－ Return 放回）時，沒想到已經懷孕了。不久後生了一窩小貓咪，陸續安排送養後，卻有一隻小黑貓乏人問津，原因無他，大家都認為黑的實在太醜了。

Jona 覺得牠一點都不醜啊，但，基於經濟因素，當下並沒有立即決定是否認養。

前思後想了好幾天，終於無法置之度外。

希望小黑貓健康、勇健，取名為恰勇，小名阿勇。

黑貓阿勇健康又好脾氣，餵藥、剪指甲，完全任人擺布，甚至還會欺負比自己大好幾倍的狗狗米格魯。

愛狗也愛貓的 Jona Chen，除了正業之外，為了養一隻狗、二隻貓，不得不發展副業。草創時期並不順利。有一天無意中撿到阿勇的黑鬍鬚，就接到訂單了，真神奇，不是嗎？

編後語

其實高雄市第 2 輪的拍攝行程並不順利，不是時間喬不攏，就是路線不好安排，善良、敦厚的 Jona Chen 一直維持超高的配合度，甚至幫忙規劃路線圖，充分表現出本社團追求的熱忱、友愛、忠誠的精神。

兩包＆怪怪 VS Lulu Lu：

2 隻都是我不礙事的房客；亦或是，我是牠們不礙事的房客

地點：高雄市三民區
飼主：Lulu Lu
黑貓基本資料：
1. 兩包／女生／8 歲／5 公斤
2. 怪怪／男生／6 歲／7 公斤

兩貓在臺東經營金紙店的外婆家出生，Lulu 一看好喜歡，就直接領養了。據說早期領養貓狗要給兩包糖，於是 Lulu 就把這人生第一隻黑貓取名為「兩包」。在溫馨的親子時間裡，「兩包」變成了「包包」。

健康、頭好壯壯的兩包，標準的小女生個性，而且極度的愛撒嬌，人見人愛！

Lulu 住家樓下的愛媽纏功十足，一直向 Lulu 推銷「要不要養貓啊，混波斯的喔……」Lulu 基於禮貌性，而且心想不至於那麼巧吧，隨口脫出一句「有沒有黑貓啊？」沒想到，真的就有一隻耶！

因為長得醜，本來叫它小怪物，親子時間一到，就變成「怪……怪怪」。

編後語

兩包與怪怪都不怕生、非常的親人，而且噸位十足，相當的肥美，可見 Lulu 細心照顧有加。

聲音甜美的 Lulu 雖然個子嬌小，卻有一種柔中帶剛的氣質，原來是業餘的潛水好手，果不其然！

Lulu 居住的社區中庭竟然放養了好幾隻貓，一隻比一隻還要碩大。根據 Lulu 解釋，這是她們社區裡一群愛貓人士爭取多年的成果，儘管多數的住戶支持，仍有少數人排斥。

多元化的社會裡，總有 2 股力量相互制衡，所謂愛其所同、敬其所異。

吉吉 VS Shane：

玩伴關係＋陪伴關係

地點：高雄市新興區
飼主：Shane Lee
黑貓基本資料：吉吉／男生／約 2 歲／約 5 公斤

在黑貓吉吉出現之前，瀟灑又隨性的愛狗人士 Shane 從未想過有一天會變成貓奴。

約莫 2 年前的某一天，Shane 隱隱約約聽到貓叫聲，但又無法判斷到底在哪裡。

已經 2 天了，哀嚎的聲音讓 Shane 再也無法置身事外。

Shane 豎起耳朵、循聲摸索，在一條防火巷的汙水槽裡發現一隻奄奄一息的小黑貓。母貓在另一端較深的位置一動也不動，應該已死亡多日，Shane 不假思索的一把撈起小黑貓，應該只有 1、2 個月大吧。

已經有一隻哈士奇的 Shane，照顧小動物不成問題，在 Shane 細心照顧下，小黑貓活潑又健康。小黑貓取名為：吉吉。

Shane 與吉吉漸漸形成彼此密不可分的關係，吉吉的個性撒嬌、黏人，每天一起睡覺、一起玩耍。

Shane 表示，最難忘的莫過於與吉吉一起參加「黑色會 @ 高雄」的貓聚活動，這是 Shane 與吉吉第一次見到那麼多同類、顏色一樣卻又各有不同特色的黑貓兄弟姐妹，Shane 終於證實每隻黑貓真的都不一樣。

編後語

7 月 1 日「黑色會 @ 高雄」的活動在溫馨、熱鬧中結束。

Shane 臨走前好像突然想到什麼，她問我「活動照片會貼在哪裡？」啊，不就是貼在粉專裡面，不然，貼高雄市政府嗎？

黑仔 VS 亭儀：

我是他媽媽，他是我的孩子，我們是一家人

地點：高雄市
飼主：吳亭儀
黑貓基本資料：黑仔／男生／獸醫粗估約 8 歲／約 5 公斤

2017 年的中秋節夜晚，散步中的亭儀眼前竟然出現一隻黑貓，一股憐惜之情油然而生。可能是被遺棄、也可能是走失？

黑貓不怕人，甚至任由亭儀摸摸頭。

在現場待了一段時間後，如果置之不理，這麼親人的貓咪萬一遇到惡人……

一直等下去也不是辦法，亭儀把黑貓帶回家了！

曾經幫朋友照顧過貓咪，可從沒想到有一天自己也會成為貓奴。

既然遇到了，就是緣分，亭儀順理成章的收編了這隻黑貓。

帶回家的第二個月，黑仔開始在家隨意大小便，一開始覺得是牠不乖、忍不住罵牠，後來帶去給獸醫檢查，才發現是泌尿道發炎、堵塞，幸好及時治療，住院四天，進行導尿、抽血檢驗，還好，順利康復了。

這時候，亭儀才發現，自己實在太缺乏貓咪的知識了、也不夠關心黑仔，毛孩不會講話，不懂如何表達，很多時候甚至默默忍受著身體的病痛。

從此以後，只要察覺黑仔不對勁、怪怪的，直接先去給獸醫看再說，黑仔的健康比什麼都重要！

編後語

多數人喜歡養小幼貓，但亭儀表示成貓也好、幼貓也好，都會長大、都會變成成貓，不應該再有幼貓迷思！

這次的「黑色會 @ 高雄」，最大的收穫就是大家都有下次再聚的默契，希望後續其他城市的聚會也能夠發展出同樣的情誼。

呼嚕嚕 VS Fang：
一起到處趴趴走的最佳伙伴

地點：高雄
飼主：Fang Ko Duan
黑貓基本資料：
呼嚕嚕／男生／約 1 歲／約 4 公斤
出生年月日：
2017 年 10 月 8 日

前年，Fang 的第一隻貓咪——蘇格蘭摺耳黑貓 kiki 享年 13 歲過世，本來不想再養貓了。

去年年底，恰巧朋友的米克斯生了兩隻黑貓，一隻男生、一隻女生，因為貓哥哥不怕 Fang 家的狗狗，於是在伴侶的慫恿下，好吧，試著照顧看看……

果然，一試成主顧！小黑貓實在太會撒嬌、太可愛了，每天都難分難捨的，怎麼可能再還給朋友。

小黑貓不費吹灰之力，成為 Fang 生活的重心！

性格可愛、又很有個性，喜歡給人抱，一抱就會大聲呼嚕嚕、被爹媽盯著時也會大聲呼嚕嚕，所以取名呼嚕嚕，是個癡情的小帥哥！

編後語

「黑色會 @ 高雄」雖然不是第一次黑貓聚會，卻是賦予一個正式定義的聚會，希望貓友們走出網路世界、增加飼主之間的交流！

埃吉歐 VS 郁昕：

無可取代的家人

地點：屏東
飼主：陳郁昕
黑貓基本資料：
埃吉歐（小名揪揪）／男生／3 歲多／4.5 公斤

某一天，郁昕的媽媽在公司附近發現被母貓拋棄的小貓，大家七手八腳的把小貓帶回家照顧。家裡面突然多了隻小貓，變得好熱鬧。

去年 6 月，揪揪突然尿不出來，趕緊就醫檢查後，獸醫診斷為尿道發炎阻塞，必須住院進行導尿手術，這可把全家人都嚇壞了！

當時，剛好家人已經安排去小琉球旅遊，結果，大家每天都在擔心留置在醫院的揪揪有沒有成功的導尿，根本無心觀光。

出院回家前，獸醫一再叮嚀，如果導尿完、情形沒有改善的話，就要進行擴張尿道的手術，全家人又開始擔心怎麼照顧一隻手術後的小黑貓……

所幸，導尿後就恢復正常了！

現在都是給揪揪吃處方籤飼料，最重要的是定時回診檢查。

揪揪現在是隻頭好壯壯，很愛撒嬌的屁孩。

揪揪真的很愛撒嬌，如果想要別人注意牠、或是想刷存在感的話，一定會去找塑膠袋當工具，咬、咬、死命的咬，等到大家不得不去注意牠的時候，揪揪就會一臉無辜的張大眼睛，一副「不給吃、就搗蛋」的樣子，大家也拿牠沒辦法！

編後語

當知道郁昕是遠從屏東趕來高雄參加「黑色會＠高雄」的活動，沒有為揪揪多拍幾張獨照，心中真是過意不去……

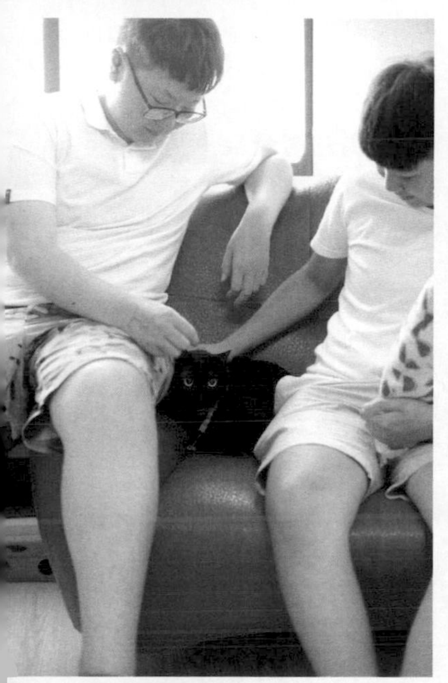

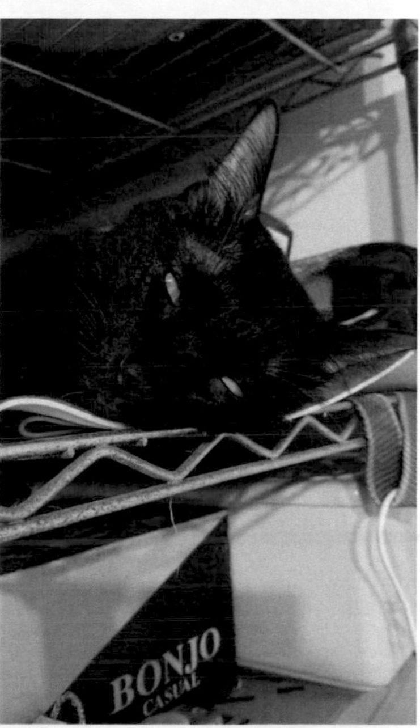
BONJO
CASUAL

花蓮番外篇

那年，小女孩才 10 歲，在鄉下的馬路旁發現 1 隻母貓及 1 隻小貓的屍體，旁邊還有 1 隻不停哀嚎的小黑貓。

小女孩心想：這應該是你的媽媽及兄弟姐妹吧？

小黑貓沒有跑走，就只是在屍體旁邊哭叫著。

小女孩毫不猶豫的抱起貓、一路走回家，一進門便理直氣壯的向頑固的老爸說：「我要養貓……」

老爸果然很頑固，一口回絕小女孩：「不行！」

頑固程度絲毫不遜色的小女孩，怎會就這麼投降呢，從那天晚上起，小女孩就開始絕食抗議（小女孩的那年代，司空見慣的反骨作風）。

不到 24 小時，老爸就投降了！從此揭開小女孩養貓人生的序幕……

小女孩的頑固老爸，嘴巴說養貓很麻煩還不如養狗，但每天下午總會去市場買幾條小魚回來水煮給貓吃……那時候，鄉下人家都是用放養方式養貓。

10 年後，小女孩長大了，黑喵卻逐漸老去，不放心牠再跑去外面玩，於是接進家裡養老。

26 歲那年嫁為人婦，就在迎接小生命的前 1 週，老黑喵走了，獸醫說是腎臟衰竭……大腹便便的小婦人傷心的哭到差點早產。

從此，看到人家養的黑貓，小婦人就想起了老黑喵……

去年 4 月，小婦人遇到生命中第 2 隻黑貓。在誘捕過程中，小婦人跟牠說：「來……來吃罐頭，吃完來阿姨家，阿姨帶你去看醫生，阿姨會照顧你一輩子，別怕……」

就這樣，小婦人兒子一直抓不到的黑貓，竟然就被小婦人用 1 個罐罐給抓到了。

真是個年輕的帥哥，到底從哪裡來的呢？根據管理員表示，好像在樓下流浪一段時間了。當初才 3.4 公斤，現在早已超過 8 公斤……

她是韓翡。

牠是歐巴。

黑貓打油詩

一見黑貓就發財——黑貓行動

二見黑貓就升官——柯美如

三見黑貓就旺旺——陳䋮淳

事事黑貓得寵幸——陳橙

五福臨門黑貓來—— ViviChiu

六六大順愛黑貓—— GraceKwok

七手八腳黑貓踩—— HuangYiShiuan

八仙過海黑貓乘——張靜如

九九黑貓迎富貴——蕭媄庭

時來運轉黑貓旺——賴碧麗

百折不撓為黑貓—— RouShou

千迴百轉養黑貓—— RouShou

萬事如意黑貓讚—— ZixuanLuo

億兆一心喜黑貓——葉南茜

釀生活29　PE0175

黑貓奇緣：

笑中有淚、淚中有愛，全臺黑貓的動人紀實

作　　者　　賴碧麗
責任編輯　　姚芳慈
圖文排版　　王嵩賀
封面設計　　王嵩賀

出版策劃　　釀出版
製作發行　　秀威資訊科技股份有限公司
114 臺北市內湖區瑞光路76巷65號1樓
電話：+886-2-2796-3638　傳真：+886-2-2796-1377
服務信箱：service@showwe.com.tw
http://www.showwe.com.tw
郵政劃撥　　19563868　戶名：秀威資訊科技股份有限公司
展售門市　　國家書店【松江門市】
104 臺北市中山區松江路209號1樓
電話：+886-2-2518-0207　傳真：+886-2-2518-0778
網路訂購　　秀威網路書店：http://www.bodbooks.com.tw
國家網路書店：http://www.govbooks.com.tw
法律顧問　　毛國樑　律師
總 經 銷　　聯合發行股份有限公司
231新北市新店區寶橋路235巷6弄6號4F
電話：+886-2-2917-8022　傳真：+886-2-2915-6275

出版日期　　2020年10月　BOD一版
定　　價　　430元

Printed in Taiwan

國家圖書館出版品預行編目

黑貓奇緣：笑中有淚、淚中有愛，全臺黑貓的動人紀實 / 賴碧麗著. -- 一版. -- 臺北市：釀出版, 2020.10
面； 公分. --（釀生活29；PE0175）
BOD版
ISBN 978-986-445-416-7（平裝）
1.貓 2.文集

437.3607 109011585

讀者回函卡

感謝您購買本書，為提升服務品質，請填妥以下資料，將讀者回函卡直接寄回或傳真本公司，收到您的寶貴意見後，我們會收藏記錄及檢討，謝謝！如您需要了解本公司最新出版書目、購書優惠或企劃活動，歡迎您上網查詢或下載相關資料：http:// www.showwe.com.tw

您購買的書名：____________________

出生日期：________年________月________日

學歷：□高中（含）以下　□大專　□研究所（含）以上

職業：□製造業　□金融業　□資訊業　□軍警　□傳播業　□自由業

　　　□服務業　□公務員　□教職　□學生　□家管　□其它_____

購書地點：□網路書店　□實體書店　□書展　□郵購　□贈閱　□其他

您從何得知本書的消息？

□網路書店　□實體書店　□網路搜尋　□電子報　□書訊　□雜誌

□傳播媒體　□親友推薦　□網站推薦　□部落格　□其他__________

您對本書的評價：（請填代號　1.非常滿意　2.滿意　3.尚可　4.再改進）

封面設計____　版面編排____　內容____　文／譯筆____　價格____

讀完書後您覺得：

□很有收穫　□有收穫　□收穫不多　□沒收穫

對我們的建議：____________________

____

____

____

請貼
郵票

11466
台北市內湖區瑞光路 76 巷 65 號 1 樓
秀威資訊科技股份有限公司 收
BOD 數位出版事業部

（請沿線對折寄回，謝謝！）

姓　　名：________________　年齡：______　性別：□女　□男

郵遞區號：□□□□□

地　　址：________________________________

聯絡電話：(日) ________________ (夜) ________________

E-mail：________________________________